테슬라 자서전

테슬라 자서전

100년 전 모바일 통신과 인공지능을 실험하다

니콜라 테슬라 지음 | 진선미 편역

YANG 양문 MOON

| 차 례 |

Part 1. 나의 발명

Part 2. 인간 에너지를 어떻게 높일 것인가

Part 3. 니콜라 테슬라의 삶과 발명

Part 1. 나의 발명

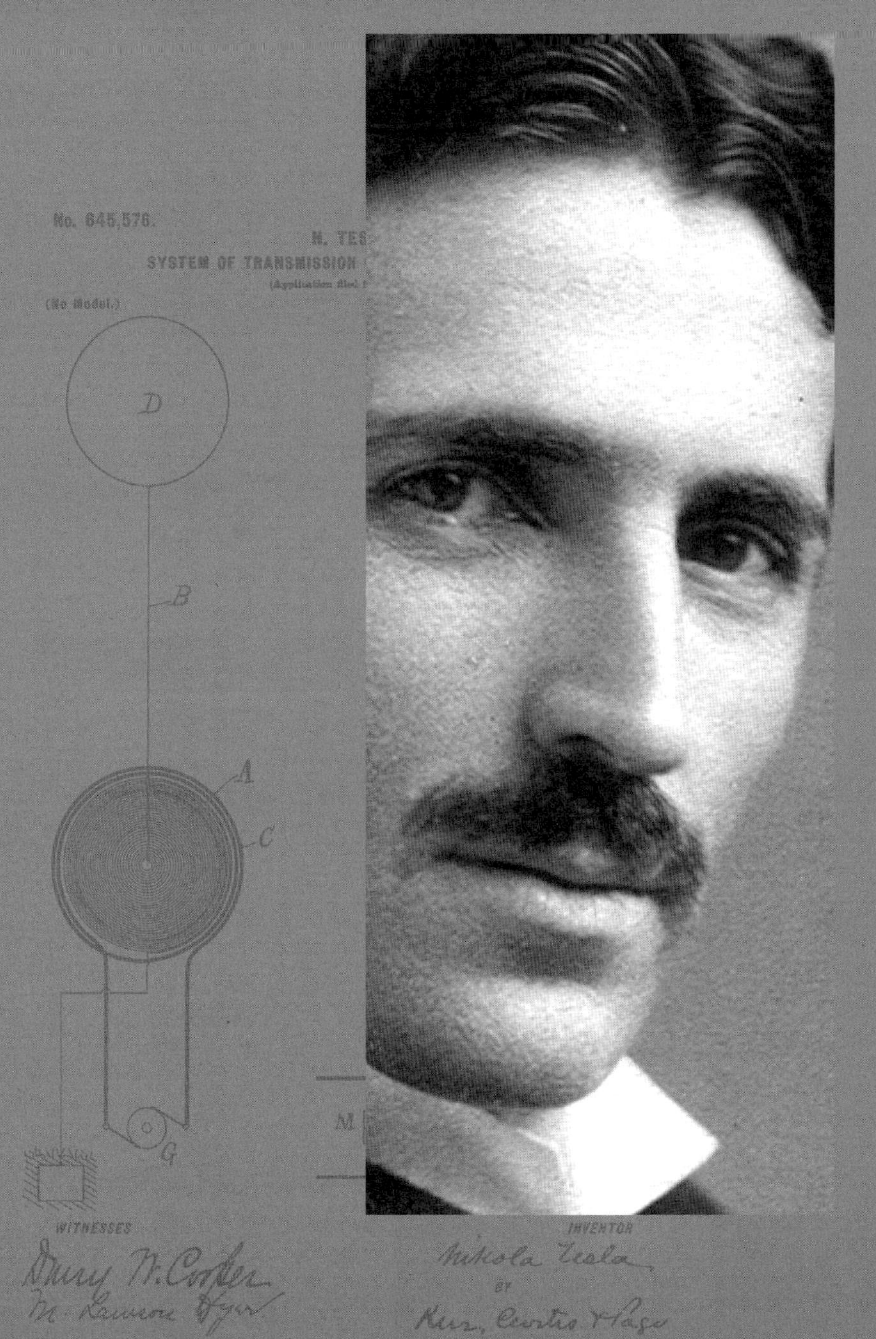
No. 645,576.
N. TES
SYSTEM OF TRANSMISSION
(No Model.)
D
B
A
C
G
M
WITNESSES
INVENTOR
Nikola Tesla
BY
ATTORNEYS.

1. 머릿속에 그림을 그린 어린 시절

인류가 발전하려면 발명이 필수적이며 발명은 창조적 두뇌의 가장 중요한 산물이다. 그것의 궁극적 목적은 인간의 정신이 물질세계를 완전하게 지배하여 자연의 힘을 인간의 요구에 부응하도록 만드는 것이다. 이것은 발명가에게 주어진 어려운 과제지만 발명가는 제대로 된 이해나 보상을 받지 못할 때가 많다. 그러나 발명가는 자신의 능력을 좋은 일에 쓰는 데서 또 자신이 특별히 선택받은 계층이라는 사실을 아는 데서 커다란 만족을 얻는다. 그러한 발명가들이 없었다면 인류는 냉혹한 자연 조건과의 치열한 싸움에서 패배해 오래전에 사라졌을 것이다.

나는 이미 이와 같이 특별한 기쁨을 얻을 수 있는 모든 재능을 부여받았으며, 일생 동안 끊임없이 이러한 즐거움이 이어졌다고 할 수 있다. 사고활동을 일종의 노동으로 본다면, 나는 아주 열심히 일한 노동자다. 깨어 있는 시간의 대부분을 투입했기 때문이다. 그러나 노동을 엄격한 기준에 따라 구체적인 시간에 얻은 특정한 성과로 해석한다면, 나야말로 천하의 게으름뱅이일 것이다.

충동적인 활동은 생명과 에너지를 갉아먹을 수 있다. 그러나 나는 그런 비용을 전혀 치르지 않았으며 오히려 내 생각을 풍부하게 만들었다. 《실험전기학*Electrical Experimenter*》의 편집장이 후원하여 펴내는 이 책에서 나는 독자의 눈높이에 맞춰 나의 연구활동을 설명하는 데 중점을 두지만 현재의 내가 되기까지 중요한 역할을 한 내 젊은 시절의 경험과 당시 상황에 대해서도 언급할 것이다.

어릴 적 우리의 활동은 오로지 본능적이어서 머릿속에 생생히 떠오르는 이미지를 논리에 근거해 구체화하지는 못한다. 그러나 나이가 들면서 좀 더 합리적으로 생각하고 따라서 점점 더 체계적이고 계획적이 된다.

그러나 초기의 그와 같은 충동은 곧바로 생산적 활동으로 바뀌지는 않지만 운명을 가르는 아주 중요한 순간일 수도 있다. 실제로 나는 지금 과거의 그와 같은 순간을 억누르는 대신에 이해하고 발전시켰더라면 내가 세상에 훨씬 큰 기여를 하지 않을까 생각한다. 하지만 나는 어른이 되고서야 비로소 발명가라는 것을 인식하였다.

여기에는 몇 가지 이유가 있다. 먼저, 내게는 형이 있었는데, 그에게는 과학적으로는 설명할 수 없는 매우 특별한 재능이 있었다. 그런 형이 일찍 죽자 부모는 커다란 슬픔에 빠졌다.

우리에게는 친구가 선물한 한 마리 말이 있었다. 아라비아 혈통으로 잘 생겼고, 인간에 가까운 지능을 가졌기 때문에 온 가족이 귀여워하며 돌보았으며, 한번은 곤경에 처한 아버지의 목숨을 구하기도 했다.

어느 겨울 밤, 아버지가 급한 일이 생겨 말을 타고 산을 넘어가는데 갑자기 늑대의 공격에 놀라 말이 도망치는 바람에 말에서 떨어져 심하게 다쳤다. 말은 피를 흘리며 혼자 집으로 돌아와 탈진했다. 하지만 말은 사람들에게 긴급 상황을 알린 후 바로 눈 속에 쓰러져 있는 아버지한테 되돌아가서 의식을 차린 아버지를 등에 태웠다. 마을의 수색대가 도착했을 때 아버지는 자신이 몇 시간 동안이나 눈 속에 쓰러져 있었다는 사실도 몰랐다고 한다. 그런 일이 있은 지 얼마 후 형이 말을 타다 부상을 입었는데 그 부상 때문에 죽음을 맞이하게 된다.

형이 큰 사고를 당한 지 마흔여섯 해가 지났지만, 내가 목격한 그 비극적 장면은 여전히 내 머리에 생생히 떠오른다. 형은 비록 길지 않은 삶을 살았지만 그가 이룬 것을 생각하면 나의 모든 노력은 보잘것없을 정도다. 내가 어떤 일을 하든지 부모님은 형이 없다는 사실을 더 절실히 느낄 뿐이었다. 그래서 나는 자라면서 스스로에 대한 확신을 거의 갖지 못했다. 그렇다고 내가 둔한 아이라는 말은 결코 아니다. 한 예로 지금도 뚜렷하게 기억나는 사건이 있다.

어느 날 내가 다른 아이들과 거리에서 놀고 있을 때 시의원 몇 사람이 우리 사이를 지나갔다. 그들 중 가장 연장자이자 부유한 신사 한 사람이 걸음을 멈추더니 우리에게 은화 한 닢씩을 나누어주기 시작했다. 순서가 되었을 때 갑자기 말했다.

"내 눈을 쳐다보렴."

나는 그와 눈을 맞추며 그 값진 동전을 받기 위해 손을 내밀었다.

그러나 그는 실망스럽게도 이렇게 말했다.

"동전이 많지 않으니 넌 받지 말거라. 그러기엔 넌 너무 멋진 아이로구나."

나와 관련해서 지금도 기억나는 재미있는 이야기가 있다. 내게는 얼굴이 온통 주름투성이인 이모 두 분이 계셨는데, 그중 한 분은 치아 두 개가 코끼리 상아처럼 튀어나와서 뽀뽀할 때면 내 뺨을 찔렀다. 그래서 이분들이 안으려고 하면 나는 끔찍한 공포에 휩싸였다.

한번은 내가 엄마에게 안겨 있을 때 이모들이 둘 중 누가 더 예쁜지 물었다. 나는 의도적으로 그들의 얼굴을 한참 쳐다본 다음 한 이모를 가리키며 말했다.

"이쪽이 그래도 덜 못생겼어요."

나는 태어날 때부터 성직자가 되기를 바라는 집안의 기대를 받았는데 이 바람은 내게 엄청난 스트레스였다. 나는 엔지니어가 되고 싶었지만 아버지는 완고했다. 아버지는 나폴레옹 황제 군대에서 장교로 복무한 할아버지의 아들이었다. 아버지 형제는 모두 군사교육을 받았지만 형은 후에 유명한 대학의 수학 교수가 되었고 아버지만 유일하게 성직자의 길로 들어서서 명성을 얻었다.

아버지는 지식이 풍부하고 깊이 있는 철학자이자 시인이며 작가였다. 아버지의 설교를 듣고 있으면 17세기 유명한 수도원장이었던 아브라함 산타 클라라가 연상되었다. 그는 여러 언어로 된 작품에서 긴 문장을 암송하는 비상한 기억력을 자주 보여주었다. 필요한 곳에 고전작품의 구절을 적절히 활용하여 많은 사람의 존경을 받았다. 간결하면서도 해학과 풍자가 넘치는 문장으로 유명했다.

아버지도 말할 때 번뜩이는 유머를 자주 구사했는데, 기억나는 몇 가지 사례가 있다. 우리 농장에서 일하는 메인이라는 일꾼이 있는데 눈이 사시다. 어느 날 그가 도끼를 휘두르며 장작을 패고 있는데, 옆에 선 아버지가 보기에 그 모습이 매우 불안하여 그에게 이렇게 주의를 주었다.

"이봐요 메인 씨, 쳐다보는 것을 도끼로 내리치지 마시고 치려고 마음먹은 것을 내리쳐야 합니다."

또 다른 예로, 아버지가 친구를 마차에 태우고 가는데 친구의 값비싼 털 코트가 마차 바퀴에 끼였다. 그러자 아버지는 친구에게 이렇게 말해주었다.

"코트를 잘 여미시게나. 마차 바퀴가 망가질 수 있으니."

아버지는 또 혼자서 대화를 주고받는 독특한 습관이 있는데 어떤 때는 목소리를 바꿔가며 열띤 논쟁을 길게 벌이기도 했다. 모르는 사람이 들으면 방 안에서 여러 명이 토론하는 중이라고 생각했을 것이다.

내가 창의력이 뛰어난 이유는 어머니의 영향이 크지만 아버지의 가르침도 많은 도움이 되었다. 아버지는 참으로 다양한 것, 예를 들어 다른 사람의 생각을 추정하기, 어떤 형식이나 표현에 결함이 있는지 찾기, 긴 문장을 반복하거나 마음속으로 계산하기 등을 가르쳤다. 생활 속에서 하는 이런 훈련은 기억력과 사유 능력, 특히 비판적 사고를 배양하기 위한 목적이었는데 이것은 분명히 내게 큰 도움이 되었다.

어머니는 오스트리아 제국(지금의 크로아티아)에서 아주 오래된 가문 출신이며 발명가의 혈통을 물려받았다. 외할아버지와 외증조할아버지 모두 일상생활이나 농사에 쓸모가 많은 다양한 도구를 생각해냈다. 어머니는 정말로 대단한 분이었다. 특별한 재능과 용기, 그리고 인내심을 가지고 삶의 풍파를 헤쳐 나갔다.

어머니가 열여섯 살 때 치명적인 감염병이 온 나라를 휩쓸었다. 외할아버지는 죽어가는 사람에게 마지막 의식을 행해주려 가셨고, 외할아버지가 없는 동안 어머니는 혼자서 병에 걸린 이웃 가족을 돌봤다고 한다. 그 가족 다섯 명은 모두 차례대로 그 병에 희생되었다. 어머니는 그들의 몸을 씻긴 후 수의를 입히고 관습대로 꽃으로 장식해 주었다. 외할아버지가 돌아왔을 땐 어머니가 기독교식으로 모든 장례절차를 끝낸 후였다.

어머니는 생활 속의 발명가였다. 나는 어머니가 현재까지 살아서 여러 가지 현대적 기회를 가졌다면 많은 발명을 했을 것이라 생각한다. 어머니는 갖가지 도구와 장치를 직접 구상하여 만들었다. 어머니는 씨앗을 심고 길러서 직접 실을 자아서 직물을 짜기도 했다. 이른 새벽부터 밤늦게까지 피곤을 모르고 일했으며, 우리가 입는 옷은 물론 집 안 가구의 대부분도 어머니 손을 거쳐 완성되었다. 어머니는 60세가 넘어서도 뜨개질을 하셨는데 손톱만한 길이에 세 코를 뜰 정도로 능숙했다.

| 현실이 아닌 광경이 눈앞에 펼쳐지다

내가 발명가라는 인식을 늦게 한 데는 또 다른 중요한 이유가 있다. 어릴 적 내게는 이상한 현상이 나타나곤 했다. 갑자기 어떤 이미지가 눈앞에 어른거리고 대개는 강력한 빛도 함께 번쩍였는데, 이때는 눈앞에 있는 실제 사물의 모양이 희미해지면서 생각이나 행동도 끊어졌다.

이렇게 떠오르는 이미지는 내가 실제 경험한 장면이며 상상은 아니었다. 어떤 한 단어를 들으면, 그에 관한 이미지가 눈앞에 생생히 나타났으며, 나는 그것이 현실인지 아닌지 구분하기 어려울 때가 많았다. 이러한 현상은 내가 불안감을 느끼는 심각한 원인이 되었다. 심리학 전공 학생과 상담도 해보았지만 누구도 이런 현상을 명쾌하게 설명하지 못했다.

형도 나와 비슷한 경험을 하곤 했기 때문에 내게도 그런 소인이 있었을 것이다. 이런 현상에 대해 내가 추측하는 이론은 눈이나 뇌가 매우 흥분한 상태가 될 때 반사작용의 결과로 그러한 이미지가 나타난다는 것이다. 병에 걸리거나 심적으로 괴로울 때 보이는 환영과는 분명히 달랐다. 나는 그 밖의 다른 면에서는 모두 정상이고 안정적이었기 때문이다. 내가 경험하는 이런 번민을 설명하기 위해 나는 내가 장례행사와 같이 신경을 크게 잠식하는 장면을 목격했을 수도 있다고 생각했다. 고요한 밤이면 현실로 착각할 만큼 생생한 장면이 눈앞에 나타났으며, 지워버리려 해도 계속 눈에 보였다.

그런 이미지가 공간 속에 고정적으로 한참 동안 지속될 때도 있어 내가 손을 뻗어 밀어내야 할 때도 있었다. 내 설명이 맞는다면, 우리가 인식하는 모든 사물은 그 이미지를 화면에 비쳐 보일 수 있어야 한다. 그와 같은 발전은 인간의 모든 관계를 혁명적으로 변화시킬 것이다. 나는 이런 획기적 기술이 조만간 성취될 수 있을 것이라고 확신한다. 그리고 나는 그와 관련되는 문제를 해결하기 위해 많은 노력을 기울였다.

이 같은 이미지가 나타나는 고통스러운 상황에서 벗어나기 위해 나는 내가 본 다른 것에 정신을 집중하려 했으며, 이 방법으로 일시적으로는 안정을 얻을 수 있었다. 그러나 이렇게 안정을 얻으려면 새로운 이미지를 계속해서 떠올려야 했다. 결국 얼마 지나지 않아서 나는 지쳐버렸다. 내가 살고 있는 집 안과 동네라는 좁은 세계에서 내가 본 사물들은 금방 바닥이 날 정도로 그 종류가 적었기 때문이다. 내 시야에 나타나는 이미지를 쫓아버리려고 이와 같은 정신 작업을 겨우 두세 번 시도했을 뿐인데 이 방법은 그 힘을 모두 잃어버렸다. 그래서 나는 새로운 장면을 눈으로 보기 위해 내가 알던 작은 세계의 테두리를 넘는 여행을 시작했다.

처음에는 이런 것이 희미하고 불분명하여 주의를 집중하면 흩어져 버렸지만, 차츰 이들을 고정시켜서 뚜렷하게 관찰할 수 있게 되었으며 마침내 사물의 실체를 분명하게 인식할 수 있었다. 나는 내 시야를 점점 더 넓혀갈수록 안도감이 커져 감을 느낄 뿐만 아니라 계속해서 새로운 영감을 얻는다는 것을 알게 되었다. 그래서 나는 여행을 시작했다. 물론 마음속에서였다. 매일 밤(그리고 어떤 때는 낮에도), 나는 혼자가 되면 여행을 시작했다. 새로운 장소와 도시 그리고 미지의 국가로 떠났다. 그곳에 살면서 사람들을 만나 친구가 되고 인연을 넓혀갔다. 그리고 믿지 못하겠지만, 나는 실제 생활에서 만나는 사람들처럼 그들과 가까워서 아무런 차이를 느낄 수 없었다.

나는 이렇게 상상 속의 여행을 계속하다가 열일곱 살 무렵에 발명 쪽으로 생각이 돌아섰다. 가상의 시설을 이용해서 내가 생각한 것을 만들 수 있었기 때문이다. 나는 모형이나 설계그림, 실험 등을 거칠 필요가 없었다. 머릿속에서 모든 것을 실제처럼 그릴 수 있었다.

| 인간은 생각하고 행동하는 자동화 기계다

그래서 나는 자연스럽게 발명의 아이디어나 개념을 현실에서 구현하는 새로운 방법을 찾게 되었다. 이것은 실험에만 의존하지 않는 혁명적 방법이며, 훨씬 더 빠르고 효율적이라고 생각한다. 어떤 발명가는 개략적 아이디어를 현실화하는 장치를 만들 때 그 장치의 상세구조와 취약점 등에 몰입한다. 그렇게 장치를 만든 다음에 개선해가다 보면 결국 집중력은 떨어지고 기본이 되는 큰 원칙을 잃어버리기 십상이다. 많은 비용을 치른 후에야 작은 성과를 얻는 경우가 많다.

하지만 나의 방법은 다르다. 곧바로 실제 작업으로 들어가지 않는다. 어떤 아이디어가 생기면 먼저 상상력으로 그것을 만들어본다. 그리고 구조를 변경하며 개선하고 마음속에서 그 장치를 작동시킨다.

이러한 장치를 테스트하는 장소가 실험실이든 아니면 내 머릿속이든 전혀 중요하지 않다. 작동 중 문제가 생기면 그 기록도 머릿속에서 한다. 결과는 아무런 차이도 없이 동일하다. 이런 방식으로 나는 어떤 것에도 손대지 않고 어떤 개념을 빠르게 개발하여 완전하게 만들 수 있다. 발명도 마찬가지다. 머릿속에서 개선을 거듭하여 결함이 없다는 사실을 확인한 다음, 완벽한 형태를 최종 산물로 내놓는 것이다.

내가 생각한 장치는 언제나 내 의도대로 작동하며, 실험에서는 계획한 것과 정확히 동일한 결과를 도출한다. 근래 20년 동안 한 번도 어긋난 적이 없었다. 그런데 이렇게 하지 않을 이유가 어디 있나? 전기나 기계공학 등의 학문은 도움이 된다. 수학적으로 다룰 수 없는 주제는 한 가지도 없다. 이론과 실제 데이터를 이용해서 효과를 계산하거나 결과를 미리 예측할 수 있다. 대부분의 사람들처럼 개략적 아이디어를 유형의 장치로 만들어 시험적으로 작동해보는 것은 에너지와 돈, 그리고 시간의 낭비다.

그러나 나의 인생 초기에 겪은 이와 같은 어려움으로부터 얻는 것이 있었다. 번뇌가 계속되면서 나의 관찰력이 향상되고 이것은 중요한 진리를 발견하는 힘으로 작용했다. 눈앞에 출현하는 이미지는 항상, 그 전에 어떤 특별하고 매우 예외적인 상황을 실제로 본 경험이 있었다. 그래서 나는 이미지가 나타날 때마다 그 전에 어떤 경험을 했는지 찾아보려 했다. 이런 노력은 점차 자동적이 되었고, 나는 원인과 결과를 연결하는 역량을 높일 수 있었다. 나는 곧 내가 뭔가를 생각할 때면 언제나 외부에서 어떤 동기가 주어졌다는 사실을 깨달고 놀랐다. 그뿐만 아니라 나의 모든 행동도 이와 비슷한 과정을 거쳤다. 시간이 지나면서 나는 감각기관에 다가오는 자극에 반응하여 단순하게 생각하고 행동하는 자동화 기계(automaton)에 불과하다는 것을 분명하게 느꼈다.

그로부터 나온 결과가 원격자동기계학(telautomatics)이라는 기술이다. 이것은 아직 부분적으로만 기능하고 있지만, 언젠가는 완전한 형태로 활용될 것이 분명하다. 나는 몇 년 동안 스스로 조종하는 자동기계를 설계해왔는데 이것은 제한적이지만 이성을 갖춘 것처럼 행동하며, 여러 산업에 일대 혁명을 일으킬 것이라 생각한다.

| 머릿속에 불이 붙다

열두 살이 되어서야 나는 눈앞에 나타나는 이미지를 지울 수 있었다. 하지만 때때로 나타나는 섬광은 어떻게 해도 없어지지 않았다. 그것은 설명할 수 없는 가장 이상한 경험이었는데 주로 내가 위험한 상황에 처하거나 심한 스트레스를 받을 때 나타났으며, 아주 유쾌한 상태일 때도 보이곤 했다. 내 주위가 온통 화염으로 휩싸여 보이기도 했다. 이러한 섬광의 강도는 시간이 지나도 약해지지 않고 스물다섯 살 무렵에는 최고조에 달했다.

파리에 머물던 1983년, 나는 프랑스의 저명한 제조업자의 수렵 여행에 초대받았다. 당시 나는 오랫동안 공장 안에서만 지냈기 때문에 신선한 공기는 매우 큰 활력소가 되었다. 그 후 시내로 돌아온 날 밤에 나는 머릿속에 불이 난 것 같은 느낌이 들었다. 머릿속에서 작은 태양이 빛을 내는 것처럼 보여서 머리를 식히기 위해 밤을 꼬박 새워야 했다. 마침내 섬광의 빈도와 세기가 약해지긴 했지만 완전히 없어지기까진 3주가 지나야 했다. 그래서 또다시 사냥 여행 초대가 왔을 때는 단호히 거절했다.

이처럼 섬광이 보이는 현상은 지금도 때때로 나타나는데, 어떤 가능성이 열리는 새로운 아이디어가 생각나는 순간과 같은 때다. 그러나 이제는 과거처럼 그렇게 격정적이거나 강한 강도는 아니다. 눈을 감으면 언제나 매우 검고 고르게 푸른색을 띤 배경이 보이는데, 맑기보다는 별 하나 없는 캄캄한 밤하늘과 같은 느낌이다. 그리고 몇 초 후에는 이런 배경이 반짝이며 움직이는 수많은 녹색 조각으로 변해서 여러 겹을 이루며 나를 향해 다가온다. 그러고는 평행선이 빽빽이 아름답게 배열된 두 개의 띠가 오른쪽에서 나타나서 서로 직각을 이룬다. 색은 노랑, 초록, 금색이 많지만 모든 색이 다 보인다. 그 직후 선들이 점차 더 밝아지며 전체가 반짝이는 구슬로 가득 찬 것처럼 된다. 이러한 이미지는 10초 정도에 걸쳐 시야를 가로질러 왼쪽으로 사라지고, 약간 불쾌한 느낌의 회색 배경만 남았다가 곧 갖가지 모양으로 변하는 구름의 바다가 시야를 메운다. 그리고 얼마 지나지 않아 2단계가 시작된다. 잠들기 전에는 언제나 어떤 사람 혹은 사물의 이미지가 시야를 스쳐 지나가는데, 그런 이미지가 보이면 나는 이제 잠들게 된다는 것을 안다. 하지만 그런 이미지가 나타나지 않거나 움직이지 않으면 불면의 밤을 보내야 한다는 의미다.

나의 어린 시절 상상력은 또 다른 이상한 경험으로 나타났다. 여느 아이들과 마찬가지로 나는 점프하기를 좋아해서 공중에 떠 있을 수 있기를 원했다. 높은 산에서 산소를 가득 품은 맑은 바람이 강하게 불어와서 내 몸을 코르크처럼 가볍게 해주면 나는 풀쩍 뛰어올라 한참 동안 공중에 머물곤 했다. 그럴 땐 무척 행복한 느낌이었으나 나중에 그런 것이 불가능하다는 사실을 깨닫게 되었을 때 그 실망감은 무척 컸다. 그 시기에는 특히 싫어하는 혹은 좋아하는 것이 많았는데, 그중에는 그러한 느낌의 원인을 알 수 있는 경우도 있지만 설명할 수 없는 경우도 많다. 나는 여자들이 하는 귀걸이를 몹시 싫어했는데, 팔찌 같은 다른 장신구는 그렇지 않아서 디자인에 따라 좋아하거나 싫어했다.

진주는 보기만 해도 몸서리칠 만큼 싫었지만 모서리가 날카롭고 표면이 편평한 물체나 크리스털 종류는 아주 좋아했다. 사람의 머리털이 닿으면 권총 총구처럼 느껴져 질겁했다. 복숭아는 보기만 해도 열이 났는데, 집 안 어디에 장뇌(곰팡이 냄새가 나는 방향성 유기화합물--옮긴이) 조각이 있는 것처럼 끔찍한 느낌이었다. 지금도 이런 것에 당시와 비슷하게 자극을 받을 때가 있다. 액체가 담긴 접시에 작은 종잇조각을 떨어뜨리면 언제나 입 속에서 징그럽게 싫은 맛이 느껴진다. 걸을 때면 발걸음 수를 세고, 식사를 할 때도 그릇이나 커피 잔, 그리고 음식 덩어리도 그 부피를 계산하고 나서야 먹을 수 있다. 내가 반복하는 행동은 그 횟수가 모두 3의 배수여야 하며 깜빡 잊고 그렇게 하지 않았을 때는 몇 시간이 걸리더라도 처음부터 다시 해야만 마음이 놓였다.

여덟 살 때까지 나는 소심하고 줏대 없는 성격이었다. 결심한 바를 밀어붙일 용기나 추진력이 없었다. 감정은 들쑥날쑥했다. 삶의 고통이나 죽음 그리고 종교에서 말하는 지옥 같은 생각에 짓눌리기도 했다. 미신적 요소, 즉 악령이나 귀신, 괴물 같은 어둠의 세력이 두려웠다.

| 열망을 이루어 가다

그러던 중 나의 존재 전체가 바뀌는 획기적인 변화가 일어났다. 그 중에서 가장 중요한 변화는 내가 책을 좋아한 것이다. 철이 들 무렵부터 나는 책을 읽으려는 욕망이 강해서 아버지의 큰 서재에서 책을 읽으려고 했지만 아버지는 허락하지 않았다. 내가 서재에 들어가면 불같이 화를 내셨다. 내가 몰래 책을 읽고 있으면 촛불을 사용할 수 없게 초를 감추기도 했다. 내 눈이 나빠질까 봐 걱정한 것이다. 그렇지만 나는 동물기름을 구하고 심지를 만들어 부싯돌로 불을 붙여 매일 밤 책을 읽었다. 다른 가족은 모두 잠자지만 나는 어머니가 힘든 하루 일과를 시작하는 새벽이 되어서야 책을 놓았다.

한번은 유명한 헝가리 작가 요시카(Josika)의 소설 《아바피*Abafi*》(아바의 아들)를 읽었다. 이 작품은 잠자던 나의 의지력을 일깨우는 계기가 되어서, 그때부터 나는 스스로를 다스리기 시작했다. 처음에는 작심삼일이었지만 얼마 지나지 않아 나는 우유부단한 성격을 극복하게 되었고, 내 의지대로 해냈을 때의 기쁨을 알게 되었다. 전에는 느껴보지 못한 감정이었다. 나의 엄격한 의지력 훈련은 시간이 지나면서 더 큰 성과를 낳았다. 처음에는 억눌리기만 한 열망이 점차 나의 의지와 하나로 통일된 것이다.

몇 년 동안 그와 같은 훈련을 거치자 나는 완벽하게 스스로를 통제할 수 있었으며 개인감정에 휘둘리지 않는 강인한 남자로 다시 태어났다. 실제로 나는 한때 도박장에 드나들어 부모님에게 큰 걱정을 끼쳤다. 카드게임 테이블에 앉는 것이 무엇과도 바꿀 수 없는 기쁨이었다. 아버지는 내가 모범적으로 생활하길 원했기에, 시간과 돈을 무의미하게 낭비하는 카드게임에 몰두하는 나를 용서하지 않았다. 나는 결심이 확고했지만 그 철학은 나빴다.

나는 아버지께 이렇게 말했다.

"나는 언제든 카드게임을 그만둘 수 있습니다. 그렇지만 그 재미있는 것을 하면 왜 안 됩니까?"

아버지는 이러한 나를 자주 엄하게 꾸짖으며 화를 냈지만 어머니는 달랐다. 어머니는 남자의 특성을 이해하고 구원은 스스로 노력해야만 가능하다는 것을 알았다.

어느 날 오후, 어머니는 가진 돈을 모두 잃고서도 카드게임을 계속하고 싶어 하는 내게 와서 지폐를 쥐어주며 이렇게 말했다.

"자, 가서 이 돈으로 재미있게 놀아라. 돈을 빨리 다 잃어버리면 더 좋다. 넌 극복해낼 수 있어."

어머니가 옳았다. 그때 나는 내 열정을 다스릴 수 있었고 전보다 몇 배 더 강해졌다. 중독에서 빠져나왔을 뿐만 아니라 한 톨의 미련도 남지 않도록 마음을 깨끗이 비웠다. 그 이후 나는 어떤 형태의 도박에도 일절 눈길을 주지 않는다.

또 다른 어떤 시기에는 건강을 해칠 정도로 담배를 많이 피웠다. 나는 이러면 안 된다고 생각해서 담배를 끊었을 뿐만 아니라 모든 습관적 행동을 중단했다. 오래전 나는 심장에 문제가 있었는데 그 이유가 매일 아침 마시는 커피 때문인 것을 알게 되면서 그 즉시 커피도 끊었다. 하지만 고백하건대, 쉬운 일은 아니었다. 나는 이런 방식으로 다른 여러 습관도 점검하고 제어하며 생명을 지켜왔다. 대부분의 사람이 이런 행동을 고행과 희생이라고 생각할지 모르지만 나는 여기에서 많은 만족감을 얻었다.

그라츠 공과대학을 수료한 후에는 신경이 극도로 쇠약해졌으며 이런 상태가 계속되는 동안 나는 여러 가지 이상하고 믿기 어려운 현상을 보게 되었다.

2. 테슬라, 발명을 시작하다

앞 장에서 설명한 어린 시절에 경험한 특이한 내용에 대해 여기서도 간단히 이야기할 것이다. 심리학이나 생리학을 공부하는 학생이라면 매우 흥미 있을 내용이며 도움이 될 것이다. 그리고 이 시기에 겪은 어려움은 나의 정신적 발달과 노력에 매우 큰 영향을 주었기 때문이기도 하다. 그러나 그에 앞서 여러 상황이나 환경에 대해 먼저 언급해야 한다. 그 속에서 어떤 실마리를 찾을 수 있기 때문이다.

어릴 적부터 나는 스스로에게 집중하는 훈련을 해왔다. 이 과정은 고통스러웠지만 지금 생각하면 축복이었다. 성취에 이르는 수단이 되었을 뿐만 아니라 나 자신의 삶에 대해 성찰하는 자세를 갖추게 했기 때문이다. 직업에서 받는 스트레스나 온갖 경로를 통해 쏟아져 들어오는 다양한 지식은 현대인을 여러 가지 위험에 빠트린다. 하지만 대부분의 사람은 이러한 외부 세계를 따라잡기에 급급한 나머지 자신의 내부에서 어떤 일이 일어나는지 알지 못한 채 살아간다.

이와 같은 원인으로 일찍 사망하는 사람이 수백만 명에 달한다. 자기관리를 잘하는 사람들 중에도 실제로 상존하는 위험을 무시하고 생각하지 않으려 한다. 어떤 개인에게 적용되는 진실은 정도의 차이는 있을지라도 사회 전체에도 적용된다. 예를 들어, 절제운동과 같은 것으로 알코올 소비를 줄이기 위해 헌법에 위배되지만 않으면 과격한 수단까지 동원하고 있다. 하지만 피해자 수를 감안했을 때 커피나 차, 담배, 추잉 껌 같은 각성물질이 사람에게 훨씬 더 위험한데도 어린이를 포함하여 누구나 쉽게 이러한 것을 탐닉하고 있다. 나는 대학생 때 커피 애호가가 가장 많이 거주하는 비엔나의 사망자 명부를 검토한 적이 있는데, 심장 문제로 사망한 비율이 전체의 67퍼센트에 달할 때도 있었다.

사람들이 차를 과도하게 마시는 도시에서도 이와 비슷한 통계를 볼 수 있다. 차는 근사한 음료지만 흥분을 초래하고 뇌의 미세한 섬유를 조금씩 망가뜨린다. 동맥의 혈류도 심각하게 방해하는데 그 독성 효과는 아주 서서히 감지되기 때문에 섭취량을 줄여야만 한다. 담배는 편안하고 기분을 좋게 해주지만 긴장과 정신집중이 필요할 때 이완을 초래할 수 있다. 추잉 껌은 잠시는 도움이 될지 모르지만 곧 침을 마르게 하는 등 부작용을 일으킬 수 있으며, 껌을 씹는 모습 또한 혐오감을 준다. 소량의 알코올은 좋은 활력제이지만 과도한 양이 들어가면 독성이 나타난다. 위스키를 마시든 당분을 먹어 위장에서 알코올이 만들어지든 마찬가지다. 이것은 자연이 적자생존이라는 엄격한 법칙을 적용할 때 이용하는 퇴출 수단이 될 수도 있다는 점을 잊어서는 안 될 것이다. 그러므로 무분별한 자유방임주의에 빠진 인류의 영원한 지속을 위해 근본적 개혁을 추구하는 사람들은 이러한 물질 섭취를 강제적으로라도 제한하는 방법을 생각해보아야 할 것이다.

사실, 현재와 같은 생활환경에서 우리가 일의 성과를 최대로 내려면 자극제가 필요하고, 운동을 적당히 해야 하며, 식욕이나 다른 여러 욕구를 통제해야 한다. 그래서 나는 오래전부터 이와 같은 방식으로 신체와 정신을 젊게 유지해왔다. 나는 항상 금욕하는 것은 아니지만 이와 같은 생활방식이 많은 도움이 되었다.

최근에도 이와 관련하여 몇 가지를 경험했다.

얼마 전 추위가 지독한 밤에 호텔로 돌아가는 중이었는데 택시가 잡히지 않았다. 한 블록쯤 떨어져 내 뒤로도 한 남자가 나처럼 추위와 불안에 떨며 걷고 있었다. 그때 갑자기 나의 두 다리가 공중으로 떠올랐다. 그와 동시에 내 머릿속에서 불꽃이 일어나며 신경이 흥분하고 근육이 수축되었다. 그리고 내 몸이 180도 뒤집히며 양 팔로 내려앉았다. 그 후 내가 아무 일도 없던 것처럼 걸어가자 그 낯선 사람이 내게 다가와 나를 이리저리 살피며 물었다.

"나이가 몇이세요?"

"쉰아홉이던가."

내가 대답하자, 그가 말했다.

"뭐라고요? 전 고양이가 그렇게 하는 건 본 적 있지만 사람이 그렇게 할 수 있으리라고는 생각조차 못했습니다."

그리고 또 한 달쯤 전에는 새 안경을 맞추러 안경사를 찾아가 시력검사를 받았다. 내가 먼 거리에서 가장 작은 글자까지 읽어내자 그는 믿을 수 없다는 듯이 나를 바라보더니, 내 나이가 60이 지났다는 말을 듣고는 크게 놀라서 껑충 뛰었다. 내 친구들은 옷이 장갑처럼 내 몸에 잘 맞는다고 자주 말하는데, 사실 그들은 내 옷이 모두 서른다섯 살 때 잰 몸 치수로 만든 사실을 모른다. 그 이후 몸 치수는 거의 변화 없이 유지되고 있다. 그동안 체중은 1킬로그램도 변하지 않았다.

이와 관련해 한 가지 재미있는 이야기가 있다. 1885년 겨울 어느 날 저녁에, 나는 토머스 에디슨과 에디슨조명회사 사장인 에드워드 존슨, 공장장 찰스 배철러 등과 함께 뉴욕 5번가 65번지 맞은편에 자리한 작은 사무실로 들어갔다. 그곳에서 우리 중 누군가가 체중을 알아맞혀보자고 했다. 에디슨이 내 몸을 가늠하더니, "테슬라는 152파운드(68kg)일걸"이라고 말했다. 내가 체중계에 올라서니 에디슨의 추측이 정확했다. 옷을 벗으면 142파운드(약 64.5kg)고 그 체중을 지금도 유지하고 있다. 내가 존슨에게 물었다.

"에디슨이 어떻게 그처럼 정확하게 내 체중을 알아맞힐 수 있었을까?"

그가 목소리를 낮추며 말했다.

"자네한테만 하는 말인데, 알은체하면 안 되네. 에디슨은 전에 시카고에 있는 도살장에서 오랫동안 일한 적이 있는데 그때 하루에 돼지 수천 마리 무게를 쟀거든. 그러니 척하면 삼천리지."

촌시 드퓨라는 내 변호사는 그 이야기를 영국인들에게 퍼트리기도 했는데, 1년이 지난 후에 그것이 농담이었다는 말을 듣고는 곤혹스러운 표정을 짓다가 크게 웃음을 터트렸다. 솔직히 말해 나는 그 유머를 알아듣는 데 드퓨보다 더 긴 시간이 걸렸다.

| 죽음의 고비를 넘어서

이렇듯 나의 건강은 스스로 주의하고 절제하는 생활의 결과다. 나는 어릴 때 중병에 걸려 의사도 포기하는 상황이 세 차례나 있었을 정도로 약골이었으니 더욱 대단하다. 무엇보다도 나는 철없이 행동하여 온갖 위험과 궁지에 빠질 때가 여러 번 있었지만, 그때마다 내게 무슨 마법이라도 있는 것처럼 빠져나오곤 했다. 익사할 뻔했던 적이 열 번이 넘으며, 불에 타거나 얼어 죽을 위기도 많이 겪으며 거의 무덤 근처까지 갔다. 미친개나 산돼지 등의 위험한 동물을 간발의 차이로 피하기도 했다. 이렇게 죽을병에서 일어나 온갖 고난을 헤쳐 와서 지금은 건강한 몸과 마음으로 치열하게 살아가고 있으니 기적이라는 생각이 든다. 하지만 나는 이러한 난관을 헤치며 이렇게 살아가는 것이 모두 운이 좋았을 뿐이라고는 생각하지 않게 되었다.

발명가는 무엇보다도 생명을 지키기 위해 노력한다. 자연에서 동력을 얻거나 장치를 개량하고 새로운 편안함이나 편리함을 만들어 사람들이 더욱 안전하게 생활할 수 있게 돕는다. 발명가는 다른 보통 사람보다는 위험으로부터 자신을 더 잘 지킬 수 있다. 관찰력이나 다른 역량이 더 뛰어나기 때문이다. 내 경험으로 볼 때 나 역시 다른 이들과 비슷한 역량이 있었다. 독자들이 이를 확인할 수 있도록 몇 가지 상황을 말하겠다. 한번은 내가 열네 살 무렵이었는데, 친구들과 함께 물놀이를 하던 중 친구 몇 명을 놀래주려고 생각했다. 물 위에 길게 떠 있는 커다란 판자 밑으로 잠수해 가서 반대편에서 갑자기 물 밖으로 솟아오를 계획이었다.

나는 수영과 잠수에 자신이 있었기 때문에 문제없이 해낼 것으로 생각했다. 그래서 물속으로 들어가 시야에서 사라진 후 반대쪽으로 빠르게 전진했다. 구조물 아래를 통과해 안전한 지점까지 온 것으로 생각한 나는 수면으로 올라갔지만 판자에 머리를 부딪쳐 당황했다. 물론 다시 빠르게 잠수해 빠른 수영으로 숨이 찰 때까지 나아갔다. 두번째로 수면 위로 올라갔지만 또다시 판자가 머리에 닿았다. 이제는 절망적이었다. 젖 먹던 힘까지 동원해 다시 한 번 시도했지만 마찬가지였다. 숨이 막히는 고통으로 머리가 빙글빙글 돌며 몸이 가라앉는 것 같았다. 이제는 끝이라는 생각이 드는 순간 내 눈 앞에 빛이 번쩍이며 판자가 보였다. 의식이 가물거리는 중에도 수면과 판자 사이에 있는 약간의 공간을 보고 입을 수면 위로 내밀어 판자 아래의 공기를 들이마시려 했다. 물방울도 함께 튀어 들어와 익사할지도 모른다는 생각에 심장이 방망이질을 했지만 몇 차례 시도한 끝에 안정을 찾을 수 있었다. 그다음 방향은 잃었지만 몇 차례 더 잠수를 시도하여 마침내 판자에서 벗어날 수 있었다. 친구들이 내가 사고 난 것으로 생각하고 시신을 찾으려 할 때였다.

이런 우여곡절을 겪으며 수영 시즌을 보낸 나는 그 아찔했던 순간을 잊어버리고 불과 2년 후에 더 큰 위험을 겪었다. 고향에는 도시

근교의 강에다 댐을 설치한 큰 제분소가 있었다. 보통은 물의 높이가 댐 위 10센티미터도 채 되지 않아 그곳에서 수영하는 것은 내게 위험한 놀이가 아니었다. 어느 날 나는 혼자 강에서 평소처럼 놀았다. 그러나 석벽 가까이에서 놀던 중 갑자기 불어난 물길이 나를 덮쳐 왔다. 나는 빠져나오려 했지만 너무 늦은 것 같았다. 나는 양손으로 벽을 잡고 지탱하며 물에 휩쓸리지 않았다. 내 가슴은 심하게 눌렸지만 간신히 머리가 돌 벽에 부딪치지 않았다.

근처에는 아무도 없었고 내 목소리는 폭포 소리에 파묻혔다. 나는 서서히 지쳐 갔고 더 이상 버틸 힘조차 남아 있지 않았다. 잡고 있던 벽을 놓치고 바위 아래로 내동댕이쳐질 순간, 수압의 원리를 알려주는 익숙한 그림이 눈앞에 번쩍이며 나타났다. 유체의 압력은 노출된 면적에 비례한다는 원리였다. 그래서 나는 자동적으로 몸을 왼쪽으로 돌렸다. 마술처럼 물의 압력이 줄었고 그 자세를 취하니 물살의 힘에 저항하기가 상대적으로 쉬워졌다. 그렇지만 여전히 위험했다. 나는 곧 휩쓸려 내려갈 것이며 근처에 나를 도와줄 사람은 없었다. 지금의 나는 양손을 사용하지만 당시는 왼손잡이여서 오른팔 힘이 비교적 약했다. 그래서 몸을 반대쪽으로 돌려서 힘을 아낄 수도 없었다. 이제 서서히 댐을 따라 내 몸을 밀고 가는 수밖에 없는 상황이었다. 나는 제분소에서 멀어져야 했다. 그쪽은 더 깊고 물살도 빨랐기 때문이다.

그것은 길고도 험한 과정으로 끝에 다다랐을 무렵에는 거의 손을 놓칠 뻔했다. 돌담에 움푹 들어간 부분이 있었기 때문이다. 나는 마지막 남은 한 방울의 힘으로 버텼고 강기슭에 도달해서는 의식을 잃었다. 발견되었을 때는 몸 왼쪽의 피부는 거의 전부 상처투성이였으며 몇 주 동안이나 열이 끓다가 회복되었다. 내가 발명가의 재능을 가지고 태어났기에 지금까지 살아남을 수 있었다고 생각하는 경험은 많지만 내가 소개한 것은 그중 두 가지 사례일 뿐이다.

| 자연 에너지를 이용하다

내가 언제 어떻게 발명을 시작하게 되었는지 묻는 사람들이 있다. 기억을 더듬어보면 어떤 장치와 그 활용 방법을 함께 개발할 때부터인 것으로 생각한다. 장치는 내가 발명하기 전에 존재했고 활용방법은 내가 만들었다. 소개하면 이렇다.

내 놀이친구 중 한 명이 낚싯대와 낚싯바늘을 어디서 구해와 온 동네가 떠들썩했다. 다음 날 아침에 모든 친구가 개구리를 잡으러 나섰다. 하지만 나는 그 친구와 말다툼을 한 적이 있어 따돌림을 당하고 혼자 남게 되었다. 그때까지 나는 낚싯바늘을 한 번도 본 적이 없어서 특별하게 생긴 어떤 멋진 것으로 생각하고 친구들 사이에 끼지 못해 풀이 죽었다. 그러나 궁하면 통한다더니, 나는 철사 조각을 주워서 돌 위에 올리고 돌로 두드려 끝을 날카롭게 한 후 구부려 모양을 만들고 질긴 실에다 매달았다. 그리고 나뭇가지를 자르고 미끼를 구하여 개구리가 많은 개울로 내려갔다. 그러나 개구리는 한 마리도 잡히지 않아 나는 그만 실망하고 말았다. 그때 나무 밑동에 앉은 개구리 앞에 빈 낚싯바늘을 늘어뜨려야겠다는 생각이 떠올랐다. 개구리는 처음에는 어른거리는 바늘을 거들떠보지 않았지만 점차 눈이 튀어나오고 충혈되는가 싶더니 두 배로 부풀어 올라 바늘을 덥석 깨물었다.

나는 즉시 낚아챘고, 같은 방법을 계속 시도하여 허탕을 치지 않았다. 훨씬 근사한 채비를 갖추고도 결국 한 마리도 못 잡고 돌아온 친구들은 나를 부러운 눈으로 바라보았다. 한동안 나는 낚시방법을 비밀로 하며 나만이 가진 비법인 양 과시하고 다녔지만 결국은 우쭐한 마음으로 털어놓았다. 그러자 동네 친구들도 모두 나와 같은 방법을 사용하였다. 개구리에게는 지옥 같은 여름이었을 것이다.

본능적 충동에 이끌려 발명에 나선 두번째 기억은 자연의 에너지를 인간을 위해 사용하려는 시도다. 여름날 무리지어 날아다니며 나뭇가지를 부러뜨리는 등 갖가지 문제를 일으키는 풍뎅이를 이용한 것이다. 나는 나뭇가지가 풍뎅이 떼로 새까맣게 덮인 날, 가느다란 막대 주위로 풍뎅이 네 마리를 십자형으로 붙여 막대가 회전되도록 만들었다. 그렇게 얻은 '힘'을 이용해 큰 원판을 같은 방향으로 회전시키려 했다. 이와 같은 구조는 아주 효율적이어서 이놈들이 날기 시작하면 멈추는 법이 없이 몇 시간이고 계속 돌았고 빨리 돌아갈수록 더 뜨거워졌다. 그것이 잘 돌아가던 중에 이상한 아이가 다가왔다. 은퇴한 오스트리아군 장교의 아들이었다. 그 개구쟁이는 풍뎅이를 산 채로 입에 넣고는 마치 맛있는 굴을 먹는 듯한 표정으로 씹어 삼켰다. 그 끔찍한 모습을 보고 나는 야심찬 그 실험을 그만두었으며 그 이후로 풍뎅이나 다른 어떤 벌레든 손도 대지 않고 있다.

그 이후 나는 할아버지의 시계를 분해하고 다시 조립하곤 했다. 하지만 분해는 언제나 잘 끝냈지만 다시 조립하는 데는 대부분 실패했다. 그래서 할아버지는 내가 하는 그 작업을 못하게 했는데 너무 갑작스럽고 거친 방법으로 금지시켰다. 그래서 나는 30년이란 시간이 흐른 뒤에야 다른 시계를 고쳐볼 마음이 생겼다. 나는 시계 작업을 중단한 직후 장난감 총포류를 만드는 일에 착수했다. 속이 빈 튜브와 피스톤 그리고 삼베로 만든 두 개의 마개로 만든 총이다. 총을 발사할 때는 피스톤을 배에다 대고 누르고 양손으로 튜브를 재빨리 뒤로 밀었다. 그러면 두 마개 사이의 공기가 압축되고 온도가 올라가 마개 하나가 큰 소리를 내면서 튀어나갔다. 이 일은 차츰 좁아지는 모양의 빈 튜브를 구하는 것이 가장 중요했다.

그 총은 잘 작동했지만 집 안의 유리창 때문에 마음대로 가지고 놀 수 없었다. 그래서 구하기 쉬운 가구의 나뭇조각으로 칼을 만들었다. 당시 나는 세르비아 민족시의 영향을 많이 받았기에 그 칼을 들고 영웅이 되기를 꿈꿨다. 옥수수단으로 위장한 나의 적을 칼로 베는 싸움을 몇 시간 동안 계속하여서 농사를 망치기도 했다. 그래서 어머니에게 엉덩이를 맞을 때도 있었다. 이처럼 나는 어릴 적부터 특별했다.

이와 같은 다양한 일을 벌이며 어린 시절을 보낸 나는 여섯 살이 되어 고향 마을의 초등학교에 입학해 1년간 다녔다. 그리고 그때 우리 가족은 고스피치 주변의 작은 도시로 이사했다. 그러나 그 이사는 내게 좋지 않은 경험이었다. 비둘기와 닭, 거위 그리고 양 들과 헤어지는 것이 무엇보다 가슴 아팠다. 그 무렵 아침이면 비둘기 떼가 구름까지 날아올라 먹이를 찾아다닌 후 석양이 내리면 전투대형으로 내려앉곤 했다. 그 광경은 얼마나 완벽했던지 지금의 그 어느 비행대대도 흉내를 내지 못할 것이라 생각한다.

새로 이사한 집에서 나는 죄수와 같았다. 창문의 블라인드 사이로 낯선 사람을 쳐다보아야 했다. 나는 낯가림이 심해서 그 도시 사람들이 마치 으르렁거리는 사자처럼 보였다. 그러나 가장 힘든 기억은 내가 예복을 입고 복사(服事, 미사 때 사제를 돕는 아동—옮긴이) 역할을 해야 했던 일요일이다. 그때 일어난 일은 이후 오랫동안 뇌리에서 지워지지 않는 섬뜩한 기억으로 남았다.

두번째로 복사 일을 할 때였다. 깊은 산속에 있어서 1년에 한 차례만 찾는 낡은 성당에서 밤을 보내야 할 시간이 다가왔다. 그 성당은 항상 으스스했지만 그때는 더 심했다. 그곳에 시내에서 부유하게 사는 한 여성이 찾아왔다. 평소에도 호화롭게 차려입고 온갖 장신구를 걸치고 교회를 찾던 거만해 보이는 여자였다. 그 일요일에 나는 종루에 올라 종을 친 다음 계단을 뛰어내려오다가 이 귀부인과 마주쳐서 그녀의 긴 옷자락을 뛰어넘으려 했다. 그러나 서툰 신병의 소총 사격 같은 소리를 내면서 옷이 길게 찢어져 버렸다. 아버지는 화가 나 얼굴이 붉으락푸르락했다. 아버지는 내 뺨을 부드럽게 한 대 때렸는데, 내가 아버지에게 유일하게 맞은 경험이었지만 아직도 그 느낌이 남아 있다. 그때의 부끄럼과 혼란은 말로 표현할 수 없을 정도였다. 그 이후 나는 마을에서 거의 따돌림을 당했는데, 그러다 극적으로 반전을 이루는 계기가 찾아왔다.

한 젊고 부유한 상인이 마을에 소방대를 창설해서 소방대원들이 새로 맞춘 제복을 입고 퍼레이드를 하며 새로 구입한 소방펌프를 시연하기로 했다. 16명이 매달려 작동하는 그 펌프는 검은색과 붉은색 페인트로 산뜻하게 칠해 있었다. 그날 오후 펌프를 강가로 옮겨 준비를 마쳤다. 펼쳐질 광경을 보려고 모든 마을 주민이 밖으로 나왔다. 축하 행사와 연설이 모두 끝난 후 펌프 스위치를 켰다. 하지만 호스 출구에서는 한 방울의 물도 나오지 않았다. 관리들과 소방대원들이 작동시키려고 애를 썼지만 소용없었다. 내가 그곳에 도착했을 땐 모두 포기하는 상황이었다. 사실 나도 그 작동 기전에 대한 지식은 없었고 공기압에 대해서도 거의 몰랐지만 본능적으로 나는 물속에 잠긴 흡입 호스에 손을 대보고 그것이 접혀 있는 것을 발견했다. 내가 강물 속으로 몸을 숙여 호스를 펴자 물이 출구로 뿜어져 나왔고 많은 사람의 외출복이 물에 젖었다. 벌거벗은 채 시라쿠사 거리를 달려가며 “유레카”를 외친 아르키메데스의 감격 이상이었다. 주민들은 나를 어깨 위에다 올리고 행진했다. 나는 그날의 영웅이었다.

나는그 도시에 정착한 후 레알김나지움에서 4년의 정규 학교과정을 시작했다. 자연과학계의 대학 준비과정에 해당하는 교육기관이다. 이 기간에도 나의 치기어린 탐구와 모험은 계속되었고 또 여러 가지 문제에도 직면했다. 그중에서도 내가 최고의 까마귀 사냥꾼으로 등극한 일이 특히 기억에 남는다. 나는 매우 간단한 방법을 사용했다. 숲속으로 들어가 덤불 속에 숨어서 새소리를 흉내 내는 것이다. 보통은 몇 마리가 응답을 하고 얼마 안 있어 까마귀 한 마리가 내 근처의 관목으로 날아와 앉는다. 그러면 작은 판자 조각을 던져서 그놈의 주의를 돌린 다음, 그놈이 날아가기 전에 재빨리 풀쩍 뛰어서 손으로 잡으면 되었다. 이런 식으로 나는 원하는 만큼 까마귀를 잡을 수 있었다. 그러나 내가 그놈들을 다시 봐야 할 일이 생겼다. 그날도 나는 가녀린 새 한 쌍을 잡아 친구와 함께 집으로 돌아가고 있었다. 우리가 숲을 나서자 까마귀 떼 수천 마리가 모여들어 법석을 떨었다. 그놈들은 서로 뒤따라 날아오르며 우리를 포위했다. 그 와중에 갑자기 뒤통수를 얻어맞은 내가 넘어지자 그놈들은 한꺼번에 달려들어 공격했다. 결국 나는 잡았던 두 마리를 놓아주고서야 풀려났으며 그제야 동굴로 피신한 친구가 내게로 다가왔다.

학교에는 기계 모형이 많이 구비되어 있어 나의 흥미를 끌었는데 그중에서도 나는 수력발전기에 특히 관심이 많았다. 나는 이러한 기계를 많이 제작하고 또 작동시키며 큰 기쁨을 느꼈다. 내가 살아온 삶은 특별났으며 많은 사건을 겪었다고 할 수 있다. 삼촌은 내 삶에서 큰 역할을 하지는 않았고 다만 나를 몇 차례 질책한 적은 있었다. 당시 나는 나이아가라 폭포 그림을 보고 큰 영감이 솟아나서 폭포를 이용해 가동되는 거대한 물레방아를 마음속으로 그렸다. 그래서 삼촌에게 미국으로 건너가 이런 계획을 펼쳐보고 싶다고 말하기도 했다. 그로부터 30년 후 나는 나이아가라에서 나의 아이디어가 실현되는 것을 지켜보며, 내 머리 속의 상상력이 신비롭다고 느꼈다.

나는 온갖 장치와 기구를 만들었지만 그중에서도 직접 만든 활이 가장 멋졌다. 그 활로 쏜 화살은 시야를 벗어날 만큼 멀리 날아갔으며 가까운 곳의 2.5센티미터 두께 송판도 뚫을 정도였다. 활시위를 계속 당겨 대서 내 가슴께 피부가 악어가죽처럼 변했는데, 지금 내가 돌멩이라도 소화할 정도로 위장이 튼튼한 이유가 이러한 운동 덕분이 아닐까 생각할 때도 있다. 나는 이런 재주를 감추지 않고 곡마단에서 시범을 보이기도 했다.

또 한 가지 기억나는 일이 있다. 어느 날 삼촌과 강을 따라 걷고 있었다. 땅거미가 내리고 강에서는 가끔씩 물 위로 튀어 오르는 송어가 기슭의 바위에 대비되어 반짝거렸다. 물론 어느 소년이든 이런 때 돌로 물고기를 잡겠다고 생각하겠지만, 나는 좀 더 어려운 과제를 선택하여 삼촌에게 내가 지금 뭘 하려는지 미리 자세하게 말했다. 돌을 던져 물고기를 맞혀서 그 몸뚱이를 바위에 밀어붙여 두 도막으로 자르겠다고 했다. 말이 끝나자마자 나는 그대로 해냈다. 삼촌은 거의 겁에 질린 눈으로 나를 바라보더니 "사탄아 물러가라!"며 고함을 질렀다. 그리고 며칠 후 나는 같은 말을 또 들어야 했다. 이러저러한 많은 일이 있었지만, 모두 내게 천년의 영광을 준비해주는 것이었다고 생각한다.

3. 계속된 테슬라의 꿈과 열정

| 하늘을 나는 꿈

나는 열 살에 '레알김나지움'에 입학했는데 시설을 비교적 잘 갖춘 학교다. 물리학과에는 과학, 전기, 기계 등에 대한 장치 모형들이 있었으며, 선생님은 이 모형을 이용해 자주 시연하거나 실험에 이용했다. 나는 이 수업에 매료되어 발명에 대한 동기가 더욱 강해졌다. 나는 수학 수업도 좋아했는데 계산이 빨라서 선생님의 칭찬을 자주 들었다. 내게는 머릿속에서 어떤 설계도를 그리고 작동까지 시켜보는 특별한 능력이 있어서 학업에 큰 도움이 되었다. 그냥 어렴풋한 상상이 아니라 실제와 거의 동일한 수준이었다. 어느 정도 복잡한 수준까지는 설계도를 칠판에 그리는 것과 내 마음속에서 구상하는 것이 완전히 동일했다.

그러나 수업 중에는 대부분 직접 손으로 그려야 했고 나는 이러한 시간이 매우 지루했다. 학급 동료들 대부분이 나보다 잘 그린다는 사실이 이상했다. 이렇게 내가 손으로 그리는 작업을 싫어한 이유는 단지 생각을 방해받는 것이 싫어서였다. 나는 아무것도 못할 정도로 멍청한 몇 명의 아이들 덕분에 성적은 꼴찌를 겨우 면했다. 내게는 손으로 그리는 과목이 필수인 기존의 교육체계가 큰 어려움이었다. 내 경력에 그리기를 못하는 것이 중요한 흠결이 될 수 있었고, 아버지는 내가 낙제할까 봐 가슴을 졸였을 것이다.

2학년 때는 일정한 공기압 속에서 연속운동을 만들겠다는 생각에 몰두했다. 앞에서 이야기한 펌프사건은 나의 치기어린 상상력을 자극했으며, 진공을 이용하면 많은 일을 할 수 있을 것으로 생각했다. 하지만 이 무궁무진한 에너지 이용 방법을 찾는 데 거의 광적으로 오랜 시간을 매달렸지만 아무런 성과를 거두지 못했다. 그러다 마침내 이러한 노력의 결실로 이전까지 누구도 시도하지 못한 것을 성취할 수 있었다.

두 개의 베어링 위에서 자유롭게 회전하는 실린더를 상상하자. 빈틈없이 들어맞는 직사각형 물통이 그 주위 일부를 싸고 있다. 물통의 입구 쪽은 칸막이로 막혀서 그 안쪽 밀폐된 부분과 그 바깥쪽 두 부분으로 공기가 새지 않는 미끄럼 조인트가 분리한다. 이들 두 부분이 모두 빠질 때까지 한 곳씩 개방 혹은 밀폐 상태를 유지하면 실린더가 영구적으로 회전할 수 있다. 최소한 내 생각은 그랬다. 목재로 모형을 만들고 샐 틈 없이 잘 관리하여 그 펌프를 한쪽에 설치했을 때 회전하는 경향이 생기는 것을 실제로 관찰했다. 그때의 기쁨은 이루 말로 표현할 수 없다.

건물 옥상에서 우산을 들고 뛰어내려 실패를 맛 본 경험 때문에 아직 의기소침했지만 기계로 하는 비행도 내가 성취하려는 목표 중 하나였다. 날마다 나는 상상 속에서 내 몸을 공중에 띄워 다른 먼 곳으로 이동시키면서도 어떻게 그것이 가능할지 그 원리를 이해하지 못했다. 하지만 이제는 진공의 무한한 힘을 알게 되었다. 비행기는 회전하는 축과 상하로 움직이는 날개로 만든 기계에 불과했다. 그 이후, 나는 솔로몬 왕에게 어울릴 법한 쾌적하고도 화려한 운송체를 타고 매일 하늘을 날아다녔다. 그러나 몇 년이 지나, 내 눈에 띈 작은 회전운동은 누출에 따른 것이고, 대기압은 실린더 표면에 수직으로 작용한다는 것을 이해하게 되었다. 나는 이런 지식을 차곡차곡 습득해갔지만 그때의 어설픈 시도는 아픈 충격으로 남았다.

레알김나지움 과정은 우여곡절 끝에 마칠 수 있었다. 중병에 걸려 의사들마저도 포기할 정도로 심각한 상태를 힘들게 넘겼다. 이 기간 동안 나는 책을 읽을 수는 있어서 도서관의 책을 빌려서 읽었는데, 거의 방치되던 그 공공도서관에서는 내게 도서 분류와 목록 작성을 부탁했다. 어느 날 내가 넘겨받은 새로운 책 몇 권은 전에 읽은 것과는 크게 달라 나는 내 처지를 잊을 정도로 탐독했다. 그 책은 마크 트웨인의 초기 작품으로 내 몸이 기적적으로 회복하는 데 큰 역할을 했다. 그로부터 25년 후에 나는 트웨인을 만나 가깝게 지내게 되었는데, 그에게 내 경험을 말해주자 그 위대한 작가는 눈물이 날 정도로 크게 웃었다.

레알김나지움 고등과정에 들어가서도 연구를 계속했다. 학교가 있는 크로아티아 카를스타트라는 도시에 고모가 살고 있었는데 기마장교로 수많은 전투에 참가한 퇴역 대령의 부인으로 엘리트 여성이었다. 그들의 집에서 지낸 3년을 나는 절대 잊지 못한다. 그 지역은 전투 요새로서 전쟁 중 엄격한 통제를 받았기 때문에 나는 카나리아처럼 먹으며 지내야 했다. 음식은 먹음직스럽게 잘 준비되었지만 그 양이 터무니없이 적었다. 최소한 그 열 배는 먹어야 했다. 고모가 잘라주는 햄 조각은 얇은 종잇장 같았다. 고모부가 내 접시 위에 음식을 듬뿍 얹어주면 고모가 다시 앗아가면서 남편에게 흥분하며 말했다.

"그러면 안 돼요. 니콜라는 섬세한 아이란 말예요."

한창 식욕이 왕성한 나는 그리스신화의 탄탈로스 같은 고통(신의 저주를 받아 물을 마시려고 하면 물이 없어지고, 과일이 달린 머리 위의 가지에 손을 뻗치면 가지가 물러나서, 영원한 굶주림과 갈증에 고통을 당했다고 한다—옮긴이)을 겪었다. 하지만 나는 당시의 사람들이 접하기 어려운 예술적 경향을 가진 가정의 세련된 분위기 속에서 생활했다.

집이 습한 저지대에 있어 말라리아에 걸렸는데 이 병에 잘 듣는 키니네를 대량으로 복용했지만 열이 떨어지지 않았다. 때로는 강물이 불어나 건물 안으로 쫓겨 들어온 쥐들이 집 안의 가구를 갉아먹기도 했다. 하지만 내게는 그놈들을 처리하는 것은 일도 아니었다. 나는 다양한 방법으로 쥐를 잡아 없앴고, 그 동네에서 나는 곧 쥐 사냥의 최고수로 등극했다.

마침내 학교를 마침과 동시에 이 모든 어려움이 끝났고 학위를 취득하면서 선택의 기로에 놓였다.

그렇지만 그동안에도 부모님은 내가 성직자가 되어야 한다는 고집을 포기하지 않아 나는 매우 큰 부담을 느낄 수밖에 없었다. 물리학을 가르친 교수는 매우 뛰어난 분이어서 나는 그의 영향을 받아 전기에 큰 관심이 있었다. 그는 자신이 직접 발명한 장치를 이용해 원리를 자주 증명했다. 그중에서도 은박으로 싸여 자유롭게 회전하는 전구 모양의 장치를 정전기유도기에 연결하여 고속으로 회전시키던 장면이 기억난다. 그가 이와 같은 여러 현상을 직접 시연하던 모습을 보았을 때의 그 강렬한 느낌은 어떻게 표현할 수 없을 정도다. 그 각각의 상황이 내 마음속에 수천 가지의 반향을 불러일으켰다. 나는 이토록 신비로운 힘에 대해 좀 더 알고 싶었고, 그와 관련된 탐구와 실험을 해보고 싶었다. 하지만 내가 처한 현실은 그렇게 녹록하지 않았다.

결국 포기하고 고향 집으로 돌아갈 준비를 하고 있을 때 아버지께서 내게 수렵여행을 가라는 전갈을 보냈다. 평소 아버지는 이런 종류의 운동을 매우 싫어한다는 점을 생각하면 이상한 제안이었다. 그러나 며칠 후 고스피치에 콜레라가 창궐하고 있다는 소식을 들었다. 나는 이 기회를 이용해 아버지 지시를 무시해야겠다고 생각하고 고스피치로 돌아갔다. 15년에서 20년 정도의 주기로 나라를 휩쓸고 가는 이러한 불행의 원인에 대해 사람들은 믿을 수 없을 정도로 무시했다. 그 무서운 병의 원인이 공기를 통해 전파되고 역겨운 냄새와 연기를 풍기는 것이라고 생각했다. 그러는 동안 주민들은 감염된 물을 마시고 대량으로 죽어갔다. 나는 집에 도착한 바로 그날 콜레라에 걸렸다. 어떻게 살아날 수는 있었지만 아홉 달 동안이나 병상에 누워 거의 꼼짝도 못하고 지내야 했다. 내 에너지는 완전히 소진되어 저승의 문턱까지 다녀왔다. 두번째 겪는 일이었다.

내가 의식이 가물가물해지며 헛소리까지 하자 아버지는 이제 마지막이라 생각하고는 방으로 달려오셨다. 그래도 나는 아버지의 창백한 얼굴을 볼 수 있었다. 나는 그 기회를 잡아야 했다. 내가 말했다.

"내가 공학 공부를 하게 허락해주시면 몸이 좋아질 것 같아요."

아버지가 엄숙히 대답하셨다.

"널 세계 최고의 공과대학에 입학시킬 것을 약속하마."

난 아버지의 진심을 이해했다. 마음을 짓누르던 큰 짐 하나를 덜어냈다. 우여곡절 끝에 특별한 콩으로 달인 쓴 탕약을 마시고 기적적으로 회복하지 않았더라면 그런 약속도 너무 늦었을 것이다. 나는 죽음에서 살아난 또 다른 라자로가 되어 주위 모든 사람을 놀라게 했다.

아버지는 내가 1년 동안 운동을 해서 체력을 완전히 회복해야 한다고 설득했고 나는 그 말에 동의할 수밖에 없었다. 나는 그 기간 동안 사냥 장비와 책 보따리를 둘러메고 산을 타며 대부분의 시간을 보냈으며, 이렇게 자연 속에서 생활한 경험은 나의 육체뿐만 아니라 마음도 강하게 만들어주었다.

| 샘솟는 발명 아이디어

나는 이런저런 많은 아이디어를 생각해내고 기획했는데, 그 내용을 본 대부분의 사람들은 어리둥절해했다. 나는 앞을 내다보는 눈이 있었지만 그 원리에 대한 이해는 부족했다. 그러한 여러 발명 가운데 하나로, 수압에 견디는 단단한 공모양의 컨테이너에 편지나 소포를 넣어 바닷속 튜브를 통해 해외로 전달하는 내용이 있었다. 해저 튜브 속에 물을 밀어 넣는 펌프시설을 정밀하게 구상하여 설계했으며, 그 밖의 세세한 부분까지 구성했다. 어느 한 가지도 놓치지 않았다. 물의 속도는 임의로 설정할 수 있고, 빠른 속도를 가정하여 계산하니 엄청난 성과를 거둘 수 있는 장치였다. 그러나 개인적 차원에서 어떻게 할 수 있는 발명이 아니라고 판단하여 사회적으로 실현되리라 생각하고 그 이상으로 발전시키지 않았다.

내가 생각한 또 다른 계획은 지구의 적도를 따라 거대한 원형 고리를 건설하는 프로젝트다. 이 고리는 물론 자유롭게 떠다니는 구조이며 반작용 힘으로 회전상태로 고정할 수 있다. 따라서 시속 1600 킬로미터의 속도로 이동이 가능하여 철도 이용은 불가능했다. 내가 생각해도 이 계획은 실행하기 어려웠지만 열대 지역의 공기를 펌프를 이용해 온대 지역으로 보내자는 저명한 뉴욕 대학 교수의 계획만큼 황당한 것은 아니었다.

지구의 회전에너지에서 동력을 얻는다는 구상은 훨씬 더 획기적이고 중요한 계획이다. 지구가 매일 한 번을 도는 자전운동을 하기 때문에 그 운동의 반대방향으로 동일한 크기의 힘이 동반된다. 그 결과로 발생하는 모멘텀의 큰 변화를 이용하자는 구상인데, 전 세계의 거주 가능한 모든 지역에 동력을 공급할 수 있다. 지극히 간단한 방법으로 얻을 수 있는 에너지이지만 나는 우주에서 고정점을 찾는 헛수고를 한 아르키메데스와 같은 곤경에 처했음을 알고 말로 표현할 수 없을 정도로 실망하고 말았다.

몸이 회복된 다음 나는 오스트리아 슈타이어마르크주 그라츠 공과대학에 입학했다. 아버지가 선택한 가장 유서 깊고 평판이 좋은 대학이었다. 내가 그토록 간절히 기다려 온 순간이었으며, 나는 이제부터 모든 일이 잘 풀려 성공할 것이라는 기대감으로 공부에 매진했다. 그 이전에 내가 받은 교육은 아버지의 열성 덕분에 평균 이상이었다. 이미 몇 가지 언어를 습득했으며, 여러 도서관을 순례하며 책에서 얻은 정보는 많은 도움이 되었다. 그리고 또 처음으로 나는 내가 좋아하는 과목을 선택해 공부할 수 있어서, 손으로 그리기와 같은 것이 더 이상 나를 괴롭히지 않았다.

나는 부모님을 놀라게 해드리겠다고 결심하고 첫 해에는 매일같이 새벽 3시부터 밤 11시까지 공부에 열중했다. 일요일이나 공휴일도 예외가 아니었다. 당시의 동기들은 대부분 나처럼 열성적이지 않은 덕분에 나는 모든 과목에서 우수한 성적을 받았다. 첫 학년 때 모두 아홉 과목의 시험을 통과했고 교수들은 내가 최고점 이상을 받을 자격이 있다고 생각했다. 나는 그렇게 좋은 성적표를 가지고 짧은 휴식을 취하러 집으로 갔다. 개선장군 대우를 받으리라 기대했지만 아버지는 어렵게 획득한 그 성적을 대수롭지 않게 취급하며 영웅을 몰라주는 바람에 모멸감까지 느꼈다. 나의 야망이 꺾여버렸다. 하지만 나중에 아버지가 돌아가신 후 편지함에서, 학교의 교수들이 나를 집으로 데려가 쉬게 하지 않으면 과로로 사망할지 모른다는 내용의 편지를 아버지께 보낸 사실을 알고 내 가슴은 찢어지는 듯이 아팠다.

| 교류 모터 발명을 예감하다

그 이후 나는 물리학과 기계학 그리고 수학 공부에 몰두하며 여가 시간을 도서관에서 보냈다. 나는 한번 시작한 일은 반드시 끝내고야 마는 성격 때문에 어려움도 많이 겪었다. 한번은 볼테르의 작품을 읽기 시작했는데, 매우 작은 글씨로 100쪽에 달하는 분량이었다. 괴물 작가 볼테르가 하루에 블랙커피 스물두 잔을 마시면서 썼다는 책이다. 어쨌든 끝내야 했기에, 마침내 다 읽고 나서 책을 덮는 순간 그 기쁨은 말로 표현할 수 없었다. 그리고 혼자 말했다.

"이제부터는 절대로!"

입학한 첫 해부터 내가 우수성을 드러내자 여러 교수의 관심과 인정을 받았다. 그중에서 대수와 기하를 가르친 로그너 교수와 이론 및 실험 물리학 학과장인 포셸 교수, 그리고 미적분학 교수로 미분방정식을 가르친 알레 박사가 기억에 남는다. 특히, 알레 박사의 수업시간은 내가 들어본 최고의 강의였다. 그는 나의 발전에 특별한 관심을 보여 수업 후에도 강의실에서 한두 시간 남아서 내게 문제를 내고 풀어보게 했는데, 나는 그 시간이 매우 즐거웠다. 나는 그에게 내가 생각한 비행기계를 설명하며 그것이 공상적인 발명이 아니라 과학적 원리에 근거했고, 내가 만들 터빈을 이용해 실현되어 곧 세상에 등장할 것이라고 강조했다.

로그너와 포셀 교수는 개성이 강했다. 로그너 교수는 아주 독특한 방식으로 자신의 견해를 표명하기 때문에 그가 그렇게 할 때는 언제나 소란이 일며 한참 동안 말이 중단되곤 했다. 포셀 교수는 꼼꼼하고 독일어에 능숙했다. 손과 발이 곰을 연상하게 할 만큼 컸지만 실험할 때면 시계처럼 정확해서 빈틈이 없었다.

내가 2학년 때 파리에서 그람다이나모를 들여왔다. 발전기나 모터로 활용되는 기계인데, 말발굽 모양으로 층을 이룬 계자석(界磁石)과 철선으로 감긴 전기자(電機子)에 정류자(整流子)가 부착된 구조다. 연결하면 전류의 다양한 효과를 나타냈다. 포셀 교수는 이 기계를 시연하면서 모터로 작동시켰는데 브러시가 문제였다. 강한 스파크가 발생한 것이다. 내가 보기에는 이 부품 없이도 모터가 작동할 것 같았다. 하지만 교수는 그렇게 하는 것이 불가능하다고 단정하고 이 주제에 대해 길게 강의했다. 그는 결론적으로 이렇게 말했다.

"테슬라 군, 자네가 그렇게 위대한 일에 도전하는 것은 말리지 않겠지만 불가능한 것은 분명하네. 중력처럼 지속적으로 당기는 힘을 회전운동으로 바꾸는 것과 마찬가지지. 영구기관을 만들자는 것처럼 불가능한 생각이야."

그러나 직관은 지식을 넘어설 수 있다. 우리에겐 어떤 미세한 신경섬유가 있어서 논리적 유추와 같은 어떤 의식적인 두뇌활동으로 알지 못하는 진리를 인식할 수 있다. 나는 교수의 권위에 눌려 한동안 갈팡질팡했지만, 곧 내가 옳다고 확신하고 그 과제에 매달려 젊은이로서의 모든 열정을 쏟아부었다.

나는 먼저 머릿속으로 직류 모터를 그려서 작동시키고 전기자에 흐르는 전류 흐름의 변화를 추정했다. 그다음에 교류 모터를 상상하고 그 작동 과정을 비슷한 방식으로 추정했다. 그리고 모터와 발전기를 조합한 시스템을 구상하여 다양한 방법으로 작동시켰다. 내 머릿속에 그린 이미지는 완벽하게 실제로 만들 수 있었다. 그라츠에서 남은 학기를 모두 이와 관련된 연구에 몰두하며 보냈지만 소득은 없었다. 그래서 나는 이 문제가 해결 불가능하다고 결론내릴 뻔했다.

1880년에 나는 보헤미아의 프라하로 갔다. 아버지가 그곳 대학에서 내가 학업을 마치길 원했기 때문이었다. 프라하는 내가 결정적 발전을 이룬 도시다. 모터에서 정류자를 제거했을 때 나타나는 현상을 연구했지만 여전히 결실을 보지 못했다. 그 다음 해에 내 인생관이 갑작스럽게 변했다. 부모님이 내 학비 때문에 너무 큰 희생을 치른다는 생각이 들어서 부담을 덜어드리기로 결심했다. 당시는 미국에서 시작된 전화 기술의 물결이 유럽 대륙으로 밀려오는 중이어서 헝가리 부다페스트에도 전화 시스템이 설치될 예정이었다. 내게는 좋은 기회였는데, 왜냐하면 마침 우리 가족의 친구가 그 사업의 최고 책임자이기 때문이다. 그러나 나는 그곳에서 극도의 신경쇠약에 걸렸다.

그때 내가 경험한 병은 지금도 믿기지 않을 정도다. 나는 언제나 시력과 청력이 아주 좋았다. 멀어서 다른 사람은 볼 수 없는 물체도 나는 뚜렷하게 보았다. 어린 시절에는 무엇이 타는 소리를 듣고 이웃집을 불에서 구한 적이 몇 번이나 있다. 그 소리는 이웃의 잠을 방해하지 않을 만큼 아주 속삭이는 듯했다. 내가 마흔 살이던 1899년, 콜로라도에 가서 실험을 했는데 그곳에서 890킬로미터나 떨어진 곳에서 울리는 천둥소리를 아주 생생히 들었다. 그때 옆에 있는 젊은 조수가 들을 수 있는 거리는 240킬로미터를 넘지 못했다.

내 청력은 보통 사람의 13배 이상으로 민감했다. 하지만 그때의 청력도 내가 신경쇠약에 걸려 있을 때 귀의 민감도에 비해서는 거의 귀머거리에 가까웠다. 부다페스트에 있을 때 나는 방 세 개가 떨어진 곳에 있는 시계가 째깍거리는 소리까지 들렸다. 방 안의 테이블에 파리가 내려앉을 때도 '쿵' 하는 소리가 들렸다. 몇 킬로미터나 떨어진 곳에서 지나가는 마차 소리에도 온몸이 흔들렸다. 30내지 50킬로미터나 떨어진 곳의 자동차 경적소리가 내가 앉은 의자를 거칠게 흔들어 참기 어려운 통증을 느껴야 했다. 내 발 밑의 땅도 끊임없이 진동했다. 침대 밑에 고무 쿠션을 받쳐주어야 편하게 누울 수 있었다. 때로는 가까이서 혹은 멀리서 소음이 사람 목소리처럼 들리기도 하여 나는 내가 모르는 무슨 일이 벌어지고 있다는 생각이 들어 공포에 질리기도 했다. 햇빛이 주기적으로 차단될 때면 내 뇌에는 거의 혼절할 정도의 충격이 가해졌다. 교량 같은 구조물 아래를 지날 때에는 두개골을 부술 것같이 누르는 압력이 느껴져서 내가 가진 모든 정신력을 집중해야만 겨우 몸을 지탱할 수 있었다. 어둠 속에서는 박쥐 같은 감각이 생겨 거의 4미터나 떨어진 곳에 있는 물체의 존재를 감지했는데, 그때는 이마에서 특수한 감각을 느꼈다. 내 맥박은 분당 수회에서 260회까지 요동쳤으며 신체의 모든 세포조직이 수축하며 떨릴 때는 참기 힘들었다. 한 저명한 의사가 처방한 진정제를 적량보다 많은 양을 매일 복용했지만, 결국 그 의사는 내 병이 너무 특별해서 치료가 불가능하다는 말까지 했다.

당시 생리학이나 심리학 전문가에게 내 상태를 보이지 않은 것을 두고두고 후회한다. 나는 필사적으로 삶에 매달렸지만 회복의 기미는 보이지 않았다. 그렇게 절망적인 몸을 가진 사람이 놀랄 만한 강인함과 불굴의 의지로 하루도 빠짐없이 38년 동안 계속해서 일을 해왔고 지금도 건강한 신체와 맑은 정신을 소유하고 있다는 사실을 상상할 수 있을까.

내가 바로 그렇다. 살려는 그리고 계속해서 일하려는 강력한 욕망과 더불어 친구의 헌신적인 도움이 함께 기적을 이루었다. 나의 몸이 회복하면서 정신도 활력을 되찾았다. 이렇게 병마와 다시 한 번 싸우면서 나는 싸움이 너무 빨리 끝나는 것 같아 아쉬운 기분까지 들었다. 내겐 아직 많은 에너지가 남아 있었다. 그때를 생각하면 사람의 힘으로 극복된 것 같지 않다. 내게는 성스러운 싸움이고 사느냐 죽느냐의 문제였다. 패배는 곧 죽음이었다. 이제 나는 그 전쟁에서 승리했다고 생각한다.

뇌의 깊은 구석에 해결책이 있었지만 나는 아직 그것을 밖으로 표현하지 못했다. 아직도 생생히 기억나는 그날 오후, 나는 친구와 함께 공원을 산책하며 시를 외우고 있었다. 그 나이 때 나는 감명 깊게 읽은 책은 한 구절 한 구절 모두 기억했다. 괴테의 《파우스트》도 그중 하나다. 나는 석양에 물드는 하늘을 보며 장엄한 한 소절을 떠올렸다(《파우스트》 1권 1070행에서 1091행. 파우스트가 부활절 종소리를 듣고 자살을 단념하고 조수 바그너와 함께 산책하다가 저녁노을을 보며 바그너에게 하는 말. 전체가 아니라 그중 1073~1076행과 1089~1091행임—옮긴이).

석양이 기울어 하루의 생명이 나하면
태양은 서둘러 달려가 새로운 삶을 촉구한다.
오, 내게 날개가 있다면 땅에서 솟구쳐 올라
태양을 따라 어디든 날아갈 수 있으련만!
(중략)
이것은 아름다운 꿈,
그 사이에 여신은 자취를 감추는구나.
아아! 정신의 날개 이토록 가벼운데
육신의 날개가 응해주질 못하누나.

–정서웅 옮김, 《파우스트》(민음사, 1999)

이처럼 감동적인 구절을 암송하던 중에 그 아이디어가 번갯불처럼 머리에 떠오르더니 한순간에 진리가 드러났다. '회전자기장'을 발견한 것이다. 나는 바닥의 모래 위에다 그림을 그려 그 개념을 친구에게 설명했고 그는 완벽하게 이해했다. 그로부터 6년 후 나는 미국전기공학회에서 강연할 때 그 그림을 제시했다. 당시 내가 본 이미지는 이상할 정도로 선명하여, 손으로 만질 수도 있을 것 같았다. 그래서 내가 친구에게 말했다.

"여기에 모터가 있다고 하자, 내가 역회전을 시켜볼게."

그때의 내 기분은 말로 표현이 안 된다. 자신이 만든 조각상이 생명을 얻는 모습을 지켜보는 피그말리온이 그랬을 것이다. 나의 모든 존재를 바쳐 씨름한 끝에 얻은 결과였다. 우연히 알게 된 자연의 다른 비밀 수천 개와도 바꿀 수 없을 만큼 귀중한 발견이었다.

4. 테슬라 코일과 변압기 발명

나는 한동안 생각나는 대로 기계를 설계하거나 개조하는 데 푹 빠져 있었다. 이때가 내가 살면서 가장 행복한 시기다. 새로운 아이디어가 잇따라 떠올랐다. 내가 생각한 장치는 아주 상세한 부분까지 완전히 실제적이었다. 나는 멈추지 않고 회전하는 모터를 상상하면서 기뻐했다. 머릿속에서 모터가 이런 방식으로 작동하는 모습은 황홀하기까지 했다.

이와 같은 자연적 동기가 열정으로 이어지면 목표를 향한 큰 걸음을 내딛을 수 있다. 두 달이 걸리지 않아 나는 모터의 모든 형태를 그리고 시스템을 개량했는데 이것은 이제 내 이름으로 불린다. 이렇게 실물이 필요 없이 머릿속으로만 설계하여 작동시킬 수 있는 능력은 행운이다. 나는 전화사업을 개량하기 위해 부다페스트로 왔다. 그런데 운명의 장난인지 헝가리 정부의 중앙전신사무소에 봉급 기술자로 취직할 수밖에 없었다. 그 봉급 액수는 밝히고 싶지 않다. 다행하게도 나는 곧 그곳 주임감독의 눈에 띄어 새 장치를 설치할 때 계산, 설계 및 평가를 수행하는 업무를 맡았고 전화국을 개설한 후에도 같은 일을 담당했다.

이러한 일을 하면서 배운 지식과 실무 경험은 매우 유용했으며 직장에서 나의 발명 역량을 발휘할 기회도 많았다. 나는 중앙전화국의 여러 장비를 개량하고 전화중계기와 증폭기를 완성했다. 그런 작업을 한 결과 특허를 취득하거나 공식적으로 발표한 적은 없지만 지금도 나의 업적으로 인정받는 것이다. 이러한 나의 능력을 알아본 푸슈카스 사장은 부다페스트에서의 사업을 정리하면서 파리에서 일하자고 제안했고 나는 기꺼이 수락했다.

나는 그 마법의 도시에서 받은 인상을 절대 잊지 못한다. 파리에 도착한 후 나는 처음 본 광경에 거의 넋이 나간 채 여러 날 동안 거리를 헤매고 다녔다. 매력적인 도시에 저항할 수 없이 마음이 끌리는 동안 수입은 금방 바닥났다. 푸슈카스 사장이 새로운 도시의 생활에 대해 물었을 때 나는 사실 그대로 말했다.

“처음 며칠 빼고 그 이후로는 매우 힘들게 살고 있습니다.”

파리에서의 생활은 프랭클린 루스벨트 대통령도 저리 가라 할 정도로 정력적이었다. 나는 매일 아침 날씨가 어떻든 내가 살고 있던 생마르셀가에서 센강의 수영장까지 가서 물로 뛰어드는 코스를 27차례나 왕복했다. 그리고 한 시간 동안 회사 공장이 있는 이브리까지 걸어갔다. 공장에 도착해 7시 30분쯤 아침을 푸짐하게 먹고는 그때부터 점심시간이 되길 학수고대한다. 그동안 에디슨의 조수이면서 친구인 찰스 배철러가 맡기는 과제를 해결한다.

여기서 내 당구 실력에 감탄한 미국인 몇 명과 친밀한 관계를 맺게 된다. 나는 이 사람들에게 내가 발명한 것에 대해 설명해주었는데 그중 한 명인 기계부 책임자인 커닝햄은 주식회사를 만들어보자고 동업을 제안했다. 하지만 그 제안은 시답지 않게 느껴졌다. 왜냐하면 그 당시 나는 미국에서는 그런 식으로 일을 처리한다는 개념이 전혀 없었기 때문이다. 그래서 아무것도 진행되지 않았다. 그 이후 몇 달 동안 발전기를 수리하기 위해 프랑스와 독일의 여러 지방을 다녀야 했다.

파리로 돌아와서는 회사 경영진 중 한 사람인 라우 씨에게 발전기 개선 계획을 제출했고 이어 그 기회가 주어졌다. 그리고 완벽하게 작업을 성공하자 나는 당시 모두가 원하던 자동조절기 개발 책임자로 임명되었다. 그 직후 알자스의 스트라스부르에 새로 세운 철도역에 도입한 조명시설에 몇 가지 문제가 발생했다는 연락이 왔다. 배선에 결함이 있어서 개장 축하식 도중에 전류의 단락이 발생해 벽 일부가 날아갔다. 마침 고령의 독일 황제 윌리엄 1세가 참석한 자리였다. 독일 정부는 시설 도입을 취소했고 내가 근무하는 프랑스 회사는 심각한 손실에 직면하게 되었다. 그때 독일어 회화를 할 줄 알고 경험도 많은 내가 그 어려운 문제를 해결할 적임자로 선택되어 1883년 초에 그 임무를 수행하기 위해 스트라스부르에 파견되었다.

파리에서 생긴 몇 가지 일은 머릿속에서 지워지지 않는다. 당시 파리에는 명성에 집착하는 사람들이 많이 살았다. 나중에 나는 이렇게 말하곤 했다.

“그 도시에는 명성이라는 바이러스가 많습니다. 어떤 사람은 그

질병에 걸렸지만 나는 피했습니다.”

나는 낮이고 밤이고 현장업무, 거래, 회의 등으로 정신없이 보냈다. 하지만 내가 일정을 관리할 수 있게 되면서 철도역 건너편에 위치한 기계공장에서 간단한 모터 제작에 착수할 수 있었다. 내가 파리에서 이곳에 온 목적을 달성할 도구였다. 하지만 실험 성과는 그 해 여름이 되어서야 얻을 수 있었다. 마침내 상(phase)이 다른 교류 전류를 이용해 정류자가 없어도 회전하는 것을 관찰한 것이다. 내가 1년 전에 구상한 것이었다. 그것은 매우 기쁜 일이었지만 내 머리에 최초로 떠올랐을 때의 감격에는 미치지 못했다.

파리 시장을 역임한 바우친은 파리에서 새로 사귄 친구들 중 한 명인데, 그의 지원을 얻어내기 위해 나는 이 발명을 비롯해 나의 다른 여러 발명을 이미 설명한 적이 있다. 그는 나를 적극적으로 지지하여 나의 프로젝트를 여러 부유층 인사에게 제시해주었지만, 아쉽게도 아무런 소득도 없었다. 그는 가능한 모든 방법으로 나를 도왔다. 재정적 도움은 얻지 못했지만 그에게서 받은 '후원'에는 항상 감사한다.

1870년, 독일이 프랑스를 침공하자(프로이센과 프랑스 사이의 보불전쟁—옮긴이) 바우친은 1801년산 적포도주인 생테스테프를 상당량 땅에 묻어 숨겼다. 그리고 자신 외에 그 귀한 술에 어울릴 사람은 나밖에 없다고 말하곤 했다. 이 일화를 여기에 소개하는 이유는 내가 잊지 못하는 사건들 중 하나이기 때문이다. 내 친구는 최대한 빨리 파리로 돌아가 그곳에서 지원을 요청하라고 재촉했다. 나는 불안하기도 했고, 이때 나의 작업과 계약은 여러 방해물 때문에 지지부진하여 희망이라곤 찾아볼 수 없는 상황이었다.

독일인이 철저하고 효율성을 따진다고 하지만 당시에 재미있는 일화가 있다. 16와트짜리 백열등 하나를 현관에 설치하는 과정에서 생긴 일이다. 나는 조명을 설치할 현관의 적당한 지점을 결정하고 설치기사에게 전선을 연결하라고 지시했다. 그는 한참 동안 일하더니 전기기사에게 물어봐야겠다고 말하며 전기기사를 찾았다. 전기기사는 여러 가지 의견을 제시하더니 최종적으로 내가 처음 결정한 지점에서 5센티미터 떨어진 곳에 전등을 설치해야 한다고 했다. 내가 동의하자 그 지점에 등을 달기 시작했다. 그러자 이번엔 그 기사가 걱정하면서 감독관인 아베르데크에게 보고해야 한다고 말했다. 그래서 그 사람을 호출해서 살펴본 다음 논의를 하더니 5센티미터 뒤에 전등을 설치해야 한다고 결정했다. 내가 처음 지목한 지점이었다. 그러더니 잠시 후 아베르데크가 스스로 그 결정을 취소하더니 상급 감독관인 히로니무스에게 이 문제를 보고하여 그의 결정을 기다려야 한다고 통고했다. 그 상급 감독관은 며칠이 지나서야 자신이 하던 다른 일을 다 끝냈다. 마침내 도착한 그는 두 시간 동안 토론한 다음에 전등을 5센티미터 앞으로 다시 옮겨 설치하라고 지시했다. 나는 이것으로 마무리되길 원했지만 그 상급 감독자가 다시 돌아와서 이렇게 말하여 나를 허탈하게 만들었다.

"푼케 의원님은 무척 예민한 분이어서 그가 분명하게 승인하지 않으면 내 마음대로 전등 위치를 결정해 설치할 수 없습니다."

그래서 그 높은 분의 방문을 준비하게 되었다. 아침 일찍부터 쓸고 닦아 광내기를 시작했다. 마침내 그 귀하신 분이 수행원을 데리고 떠들썩하게 도착해 성대한 환영을 받을 때 나는 작업 장갑을 끼고 일하는 중이었다. 그는 두 시간을 고민하더니 갑자기 "나는 지금 가봐야 하네." 하고 말하더니 천정의 한 지점을 손으로 가리키며 그곳에 전등을 달도록 지시했다. 애초에 내가 선택한 바로 그 지점이었다.

그렇게 엎치락뒤치락하면서 며칠을 보냈지만, 나는 어떤 우여곡절을 겪더라도 목적을 달성하리라 생각했고 마침내 나의 노력은 보상을 받게 되었다. 1884년 봄까지 모든 문제를 바로잡을 수 있었고 공장에서 공식적으로 이를 인정하여 나는 뿌듯한 마음으로 파리로 귀환했다. 회사 관리자는 성공한다면 상당한 보상을 하기로 약속했으며 그에 더하여 내가 그들의 발전기를 획기적으로 개량한다면 더 생각해주겠다고 해서 나는 상당한 보너스를 기대하였다.

당시 관리자가 세 명이었는데, 편의상 그들을 A, B, C로 부르자. 내가 A에게 요구하면 A는 B가 대답할 것이라고 말했다. 그리고 B는 C에게 결정권이 있을 것이라 생각했으며, 또 C는 A만이 집행할 수 있다고 했다. 이런 식으로 몇 번 쳇바퀴를 돌고 난 다음 나는 보상을 바라는 것이 헛된 꿈이라고 생각하게 되었다. 연구자금을 확충하려는 노력은 쓰라린 실패를 맛보아야 했다. 그래서 배철러 씨가 미국으로 건너가 에디슨 발전기를 개량해야 한다고 압력을 넣자, 나는 그 황금빛 약속의 땅에서 나의 행운을 시험해보기로 마음먹었다. 그러나 나는 그 기회를 놓칠 뻔했다. 얼마 남지 않은 전 재산을 모두 현금으로 바꾸고 표를 구입해 기차역으로 갔다. 하지만 역에 도착해서 보니 표와 현금을 모두 도둑맞고 말았다.

이제 어떻게 하나. 헤라클레스라면 느긋하게 생각할 수 있겠지만 나는 여유가 없었다. 기차를 따라 달려야 하나. 머릿속이 긴박하게 움직였다. 결국 나는 운수 사납게 모진 놈을 만났을 뿐이라 치부하고는 남은 것을 모두 긁어모았다. 나와 관련된 기사와 자작시, 그리고 비행기계와 관련하여 난제를 푼 계산식 등을 챙겨서 뉴욕을 향해 출발했다. 대서양을 건너는 배의 후미에 앉아서 위험하다는 생각은 조금도 하지 않고 혹시 바다로 추락하는 사람이 있으면 구할 기회를 엿보며 대부분의 시간을 보냈다. 나중에 내가 미국인의 이기적 사고방식에 익숙해진 다음 그 여행 중의 내 행동을 생각해보니 그 당시 내가 얼마나 어리석었는지를 깨닫게 된다.

미국에 대한 첫인상은 이렇다. 내가 읽은 아라비아 이야기 속에서 비범한 사람은 신비한 모험을 거쳐 꿈의 나라로 옮겨와 살았다. 하지만 내 경우는 정반대였다. 그 비범한 사람이 나를 꿈의 세계에서 현실 속으로 데려온 것이다. 내가 떠나온 곳은 아름답고 예술적이며 모든 면에서 매혹적이었다. 하지만 내가 본 이곳은 기계적이고 거칠며 매력이라곤 찾아볼 수 없는 것 천지였다. 통나무처럼 커다란 몽둥이를 흔들고 있는 험상궂게 생긴 경찰이 보였다. 나는 그에게 다가가 공손한 태도로 길을 물었다.

"여섯 블록 아래로 내려간 다음 왼쪽으로 가시오."

그는 마치 살인범을 대하듯 말했다.

'여기가 정말 미국이 맞을까?'

나는 놀라고 실망하여 스스로에게 말했다.

'유럽보다 문명이 한 세기는 뒤처졌군.'

그러나 내가 이곳에 도착한 후 5년이 지난 1889년에 해외로 나갔을 때는 미국이 유럽보다 100년 이상 앞섰고 지금까지 나의 이런 생각은 바뀌지 않았다.

에디슨을 만난 일은 내 인생에서 잊지 못할 사건이다. 좋은 집안에서 태어나지도, 과학교육을 받지도 않았으면서 그처럼 뛰어난 성취를 이룬 거인이 놀라웠다. 나는 10여 가지 언어를 공부하고, 문학과 예술을 파고들었으며, 한때는 도서관에서 뉴턴의 《자연철학 원리》에서 폴 드 코크의 소설까지 손에 넣을 수 있는 모든 책을 읽었다. 하지만 나는 내 인생의 대부분이 무의미하게 지나갔다고 생각했다. 그러나 얼마 지나지 않아 나는 그것이 내가 할 수 있는 최선임을 알게 되었다. 에디슨은 몇 주 만에 나를 신뢰하게 되었는데 그 이유는 이렇다.

당시 가장 빠른 증기여객선인 'SS 오레곤호'가 조명장치가 고장이 나서 출항이 지연되고 있었다. 이 선박은 조명장치를 먼저 설치한 후 다른 시설을 만들었기 때문에 조명장치만 따로 떼어내는 것도 불가능했다. 문제가 심각해지자 에디슨은 무척 곤혹스러워했다. 저녁에 나는 그날 밤 안으로 수리를 끝내려고 필요한 장비를 챙겨서 배에 올랐다. 발전기는 상태가 아주 안 좋아서 여러 곳에 누전과 단락이 발생했다. 하지만 선원들의 도움을 받아 상태를 복구하는 데 성공했다.

새벽 5시에 작업장을 향해 5번가를 걷고 있는데 몇 사람과 함께 집으로 돌아가는 에디슨과 배철러를 만났다.

"여기 우리 파리지앵이 밤새 어딜 헤매고 계신가?"

내가 방금 오레곤호에서 발전기 두 대를 수리하고 오는 길이라 말하자 에디슨은 가만히 나를 바라보더니 한 마디 말도 없이 가던 길을 갔다. 그러나 어느 정도 멀어졌을 때 에디슨이 배철러에게 하는 말이 내 귀에 들렸다.

"이봐 배철러, 저 사람 꽤 능력 있는 것 같구먼."

그리고 그때부터 나는 모든 일을 내 재량대로 할 수 있었다. 거의 1년 동안 매일 오전 10시 30분부터 다음 날 오전 5시 30분까지 하루도 빠지지 않고 일했다.

에디슨은 이렇게 말했다.

"지금까지 나는 여러 조수와 함께 일을 해봤지만 당신만한 사람은 없었네."

이 기간 동안 나는 기존의 철심을 짧은 형태로 대체한 표준 발전기를 24개 유형으로 설계했다. 에디슨은 이 과제를 끝마치면 5만 달러(현재 가치로 환산하면 약 125만 달러—옮긴이)를 주겠다고 약속했지만 나중에 농담이었다고 덮어버렸다. 그러나 내게는 아픈 상처가 되었고 결국 회사를 그만두었다.

에디슨과 헤어진 직후, 몇 사람이 내 이름으로 아크등 회사를 만들자고 제안해와서 함께하기로 했다. 여기서도 나는 모터 개발을 최종 목표로 했기 때문에 이 문제를 새 동업자에게 꺼내자 그들은 이렇게 말했다.

"아냐, 우린 아크등만 만들면 돼. 당신이 말하는 그 교류전기는 뜻대로 하게나."

1886년 나의 아크등 시스템이 완성되어 공장과 도시의 조명으로 채택되었다. 이제 나는 자유롭게 되었지만 내게는 아직 실현하지 않은 가치에 대한 지분이라는 허울 좋은 재산만 남았다. 그 이후 도저히 내게 어울리지 않는 새로운 환경에서 어렵게 지내다가 1887년 4월에 드디어 그 보상을 받게 되었다. 테슬라전기회사를 설립하여 연구소와 작업장을 설치한 것이다. 그곳에서 내가 만든 모터는 내가 머리로 구상한 구조와 정확히 일치했다. 설계를 개선할 필요도 없어서, 내 머리에 떠오른 구조를 그대로 단순히 옮기기만 하면 되었다. 그리고 내가 예상한 방식으로 작동했다.

1886년 초 웨스팅하우스사는 모터의 대량 생산 설비를 갖추었다. 그러나 아직 극복해야 할 어려움이 있었다. 내가 고안한 시스템은 저주파 전류를 이용하는 것이지만, 웨스팅하우스 기술진은 133사이클(주파수 단위, 현재는 헤르츠(Hz)를 이용—옮긴이)을 채택했다. 변압에 유리했기 때문이다. 그들은 채택한 장비의 표준 형식을 바꾸려 하지 않았다. 따라서 나는 모터를 이러한 조건에 맞게 변형하는 데 주력할 수밖에 없었다. 이 주파수에서 효율적으로 작동하는 2선식 모터 케이블을 생산하는 것도 또 다른 문제였는데 쉽지 않은 과제였다.

한동안 피츠버그에 머물며 웨스팅하우스에서 일을 계속했지만, 1889년 말이 되자 더 이상 내가 있을 필요가 없어서 뉴욕으로 돌아와 그랜드스트리트의 연구실에서 실험을 다시 시작했다. 나는 즉시 고주파를 이용하는 교류발전기 설계에 착수했다. 이 분야는 아직 미개척지여서 여러 가지 새로운 어려움을 극복해야 했다. 유도자 형태는 공명에 중요한 사인파를 완벽하게 구현하지 못할 것 같았기 때문에 채택하지 않았다. 문제가 없었다면 나는 훨씬 쉽게 일을 풀어나갈 수 있었을 것이다. 고주파 교류발전기의 속도가 일정하지 않은 문제도 큰 문제가 될 수 있었다. 나는 이미 미국전기공학회(AIEE) 회원을 대상으로 행한 시연에서도 동조(同調)가 수차례 소실되어 재조절할 필요가 있음을 언급했지만 그로부터 한참 후에 내가 이러한 교류발전기를 일정한 속도로 작동시키는 방법을 발견할 것이라고는 생각하지 못했다. 속도 변동의 양 극단 사이의 차이가 1회전의 몇 분의 1에도 못 미칠 정도로 작게 했다.

여러 가지 문제를 고려한 끝에 전기적 진동을 발생시키려면 훨씬 단순한 장치의 발명이 필요했다. 1856년 켈빈 경은 콘덴서 방전 이론을 제시했다. 하지만 그 지식은 매우 중요했지만 실용화하지는 못했다. 나는 가능성이 있다고 보고 그 이론에 입각하여 유도장치 개발에 착수했다. 내 연구는 빠르게 진전되어 1891년의 강연에서 13센티미터 길이의 스파크를 발생시키는 코일을 시연해 보였다. 그 당시 나는 이 새로운 방법에 의한 변압에는 한 가지 결함이 있다고 솔직히 말했다. 즉, 스파크갭에서 전력 소실이 있었다. 그 이후 계속된 연구에서는 어떤 매체를 선택하든 상관없이, 즉 공기, 수소, 수은증기, 오일, 전자흐름 등 어느 것을 이용하든 효율성은 동일한 것으로 확인되었다. 이것은 역학적 에너지보존 법칙과 비슷하다. 특정 높이에서 무게 추를 수직으로 떨어뜨리거나 경사면을 따라 멀리 돌아서 낮은 곳으로 내리는 것은 수행한 일의 크기라는 면에서는 다르지 않다. 그렇지만 이와 같은 결함은 큰 문제가 아니다. 공명을 적절히 조절하면 효율성이 85퍼센트에 달하는 회로가 되기 때문이다. 내가 처음 그 발명을 발표한 이후 이제 이 발전기는 보편적으로 이용되고 많은 분야에 혁명을 일으켰다. 하지만 아직 더 큰 미래가 기다리고 있다. 1900년에는 약 30미터 길이의 강력한 방전을 발생시켜서 전등 주위로 전류를 흐르게 했을 때, 나는 그랜드스트리트의 연구실에서 처음으로 작은 스파크를 관찰한 순간이 떠올랐으며 그 느낌은 회전자기장을 발견했을 때 느꼈던 감격에 버금갔다.

5. 시대를 너무 앞서간 세계 시스템

나의 삶에서 일어난 일을 돌이켜보면, 운명은 아주 사소한 것에 영향을 받는다는 사실을 깨닫게 된다. 겨울날 나는 친구들과 험한 산을 오르곤 했다. 그날도 눈이 꽤 높이 쌓였지만 따뜻한 남풍이 불어 등산하기에는 좋은 날씨였다.

눈을 뭉쳐 던지면 굴러 내려가면서 주위 눈을 붙여 더 큰 눈덩이가 되었는데 우린 누구의 눈덩이가 더 커지는지 비교하며 놀았다. 그러다가 갑자기 눈덩이 하나가 엄청나게 커지더니 집채만 해져서는 계곡으로 떨어졌는데 그 충격으로 땅이 울렸다. 나는 무슨 일이 일어났는지 이해하지 못한 채 넋을 잃고 있었다.

그로부터 몇 주 동안이나 그 눈사태 장면은 내 눈에 아른거렸으며, 나는 어떻게 그런 작은 것이 엄청나게 커질 수 있는지 고민하게 되었다. 그 이후 나는 아주 사소한 움직임도 확대된다는 개념을 중요하게 여겼다. 그래서 세월이 지난 후 내가 기계 및 전기 공명의 실험 연구에 착수했을 때 처음부터 큰 흥미를 갖게 된 이유도 바로 이것이다.

내가 일찍부터 그처럼 강한 인상을 받지 않았다면 코일에서 발생한 아주 작은 스파크를 추적하여 연구할 생각을 못했을 것이고, 그랬다면 내 생애 최고의 발명이 탄생할 수 없었을 것이다. 그래서 여기서 처음으로 그 발명이 탄생하기까지의 과정을 이야기한다.

호사가들은 내 발명 가운데 어느 것이 최고인지 내게 묻곤 한다. 그러나 이것은 생각하는 관점에 따라 달라질 수 있는 문제다. 내 발명 중에 유도 모터 외에는 이 세상에 거의 쓸모가 없다고 주장하는 사람도 많은데 이들은 기술 분야에 이름은 있지만 현학적인 심성의 소유자로 근시안적 사고를 하는 사람이다. 그리고 그것은 심각한 실수다. 새로운 아이디어를 즉각적인 결과로 평가해서는 안 되기 때문이다.

내가 구상한 교류 송전 시스템은 어떤 한순간에 머리에 떠올랐다. 산업계에서 오래전부터 해결하려고 노력한 난제에 대한 해답이었다. 그런데 극복해야 할 난관도 많았고, 보통 그렇듯이 대립하는 이해관계가 끼어들었지만 상업적 도입을 오래 지체할 문제가 아니었다. 지금 내가 설계한 터빈모터가 실용화에 지지부진한 상태와 비교된다. 이것처럼 이상적 모터가 가져야 할 모든 특성을 갖추고 있으며 이렇게 간단하면서 아름다운 발명이라면 무조건 바로 채택해야 하고, 교류 전송 도입 때의 상황과 비슷하다고 생각할 수 있다. 사실, 회전 자기장이 가져다줄 효과는 기존의 기계 장치를 무용지물로 만든 것이 아니라 그 반대로 가치를 더 높여주는 것이므로 더 빨리 채택해야 했다.

이 시스템은 새로운 산업을 일으켰을 뿐만 아니라 기존 산업을 혁신하는 효과도 있었다. 내가 만든 모터는 완전히 다른 형태로 발전한 것이다. 수십억 달러가 투자된 구식 모터를 폐기한다는 의미에서 혁명적인 발전이다. 이와 같은 분위기에서 진보하는 속도는 느릴 수밖에 없으며 전문가가 조직적으로 저항하며 만들어내는 편파적 여론이 가장 큰 장애물로 작용한다.

나도 내 친구에게 크게 실망한 경험이 있다. 과거 내 연구를 돕는 조수였으며 지금은 예일대학 전기공학 교수인 찰스 스콧이라는 친구를 만났을 때의 이야기다. 나는 그를 오랫동안 보지 못했고 내 사무실에서 이런저런 이야기를 나눌 수 있어 기뻤다. 우리 대화는 자연적으로 나의 터빈 모터를 중심으로 흘렀고, 나는 한껏 흥분하여 터빈의 미래를 극적으로 그리며 이렇게 말했다.

"스콧, 나의 터빈은 세계의 모든 가열 엔진을 무용지물로 만들 것이야."

스콧은 충격을 받은 표정으로 마음속으로 계산하더니 "이제 폐기물 더미가 쌓이겠구먼."이라 말하며 인사도 없이 나갔다.

그러나 이러한 발명은 어떤 방향으로 전진하는 발걸음에 불과하다. 내가 이렇게 발명하는 과정에는 어떤 절박한 필요성보다는 본능적 감각이 더 중요한 역할을 했다. '증폭 전송기'는 발명의 주요 목적을 단순한 산업적 발전보다는 인류에게 훨씬 더 중요한 문제에 대한 해답에 두고 수년간에 걸쳐 노력한 결과다.

| 절찬 받은 테슬라 진공관

1890년 11월로 기억하는데 당시 나는 실험실에서 과학사에 기록된 어떤 것보다 더 특별하고도 멋진 경험을 했다. 고주파 전류의 특성을 실험하다가 방 안의 전기장을 충분한 강도로 높이면 전극이 없는 진공관을 밝힐 수 있다고 생각했다. 이러한 가설을 검증하려고 변압기를 만들었고 그 첫번째 실험에서 성공적으로 확인했다.

당시에는 그처럼 신기한 현상이 무엇을 의미하는지 알기 어려웠다. 새로운 어떤 의미를 생각해보았지만 금방 별 관련이 없는 것으로 드러났다. 어제는 신기했던 일도 오늘은 흔히 볼 수 있는 일이 된다.

내가 이 진공관을 대중 앞에서 처음 시연했을 때 그들은 표현할 수 없을 정도로 놀라워했다. 그 이후 세계 각지에서 강연 초빙이 쇄도했으며 거절하면 더 좋은 조건을 제시하며 부탁해오기도 했다. 그러나 1892년의 초청은 더 이상 거절할 수 없어 런던의 영국전기기술자협회에서 강연했다. 당시 나는 강연이 끝나면 곧바로 파리로 건너가 비슷한 주제로 강연할 예정이었다. 하지만 제임스 듀어가 내게 왕립학회에 꼭 참석해야 한다고 주장했다. 나는 단호히 거절했지만 이 스코틀랜드인이 나를 밀어 의자에 앉히고는 무지개 색으로 반짝이는 액체를 한 잔 따라주며 이렇게 말하는데 나는 따르지 않을 도리가 없었다.

"자, 당신은 패러데이의 의자에 앉아서 그가 즐겨 마시던 위스키를 마시고 있는 중이오."

기분 좋은 경험이었다.

다음 날 저녁, 내가 그 협회에서 시연을 끝낸 후, 왕립학회 총무인 물리학자 레일리 경이 청중 앞에서 내게 찬사를 보내주었는데 그의 따뜻한 말이 이후 내가 이러한 활동에 집중하는 계기가 되었다.

런던을 떠나 다음 방문지인 파리에서도 일정을 소화하자마자 내게 쏟아지는 지나친 관심을 피해 집으로 돌아왔다. 이후 나는 극심한 통증과 시련을 겪었다. 얼마 후 건강이 회복되자 미국에서 연구를 재개할 계획을 세웠다.

| 거센 폭풍우에서 배우다

그때까지 나는 내가 특별한 발명 능력이 있다고 생각한 적이 없다. 그러나 내가 과학자의 이상형으로 항상 생각하는 레일리 경이 나를 칭찬하며 그렇게 말했기 때문에 나는 어떤 위대한 과제에 집중해야 하는 것이 아닐까 하는 느낌이 들었다.

어느 날 산 속을 돌아다니다가 폭풍우가 다가오는 것 같아 피할 곳을 찾았다. 하늘은 먹구름이 가득했지만 비는 아직 내리지 않았다. 그러다 갑자기 하늘이 번쩍하더니 잠시 후 폭우가 쏟아지기 시작했다. 나는 이 상황에서 잠시 생각했다. 그 두 가지 현상은 원인과 결과로 밀접한 관련이 있다. 그러므로 수분을 응집해서 비로 만드는 전기적 에너지는 그렇게 크지 않으며, 번개가 민감한 촉매제처럼 작용한다고 결론을 내렸다.

여기에 굉장한 가능성이 숨어 있었다. 만약 우리가 어떤 특성의 전기적 효과를 발생시킬 수 있다면, 지구 전체와 또 그 위에 존재하는 모든 것의 상태를 변화시킬 수 있다. 태양이 바다의 물을 하늘로 올리면 바람은 수증기를 멀리 떨어진 지역으로 옮기면서 그렇게 정교한 균형 상태를 유지한다. 만약 원하는 시간과 장소에서 이 균형을 깨트릴 힘이 있다면 생명 유지의 근원이 되는 이와 같은 강력한 흐름을 통제할 수 있을 것이다.

불모의 사막에 물을 공급하여 강과 호수를 만들고 거의 무한대의 동력 에너지를 공급할 수 있다. 태양을 인간의 필요에 맞게 이용하는 가장 효율적인 방법이다. 우리가 자연 질서를 이용해 전기적 힘을 개발할 수 있다면 이러한 성취가 가능할 것이다. 현실성 없는 이야기처럼 보일 수도 있을 것이다. 하지만 나는 이것에 도전하기로 마음을 정하고 1892년 여름, 미국에 돌아가자마자 연구에 착수했다. 무선으로 에너지를 보내는 데도 이와 동일한 수단이 필요했기 때문에 나는 연구에 더 큰 열정이 생겼다.

이듬해에 만족스러운 성과를 거두었는데, 나의 원뿔형 코일을 이용해 100만 볼트까지 전압을 높일 수 있었다. 현재 기술로 보면 큰 성과는 아니지만 당시에는 대단한 업적이었다. 그 이후로도 연구가 계속 진행되었지만 1895년 연구실은 화재로 사용할 수 없게 되었다. 마틴은《센추리 매거진》4월호에서 이 실험실의 화재로 테슬라의 연구 성과는 크게 후퇴했으며, 그해의 연구 성과 대부분을 다시 시작해야 한다는 기사를 게재했다. 그러나 나는 어느 정도 여건이 갖추어지자 바로 연구에 복귀했다.

나는 높은 전압을 얻으려면 거대한 장치가 필요한 것을 알았지만 설계만 제대로 하면 비교적 소형 변압기로도 높은 전압을 얻을 수 있다고 예측했다. 내 특허에 도식으로 나타낸 것과 같은 평면 나선 형태의 2차 코일을 이용하여 실험할 때 기체방전이 발생하지 않았는데 이것은 놀라운 현상이었으며 얼마 지나지 않아 나는 그것이 코일 위치에 대응해 일어나는 상호작용 때문인 것을 발견했다.

이러한 발견을 상업화할 수 있게 나는 큰 직경의 코일을 감은 고압 전도체를 사용할 때 코일끼리 충분한 간격을 두어 서로 방해하며 만나지 않게 하는 동시에 전하가 중첩되는 부분이 없도록 하였다. 이런 방식으로 설계하니 전압을 400만 볼트까지 높일 수 있었는데, 휴스턴 스트리트에 마련한 새 실험실에서 약 5미터 간격을 두고 전류를 보내서 만들 수 있는 최대치였다. 이렇게 전송하는 사진은《일렉트리컬 리뷰》1898년 11월호에 게재되었다.

이 연구를 더 발전시키려면 실험실을 벗어나 넓은 장소가 필요했다. 그래서 1899년 봄에 무선전송 시설을 세우기 위해 콜로라도에 가서 1년 넘게 머물렀다. 여기서 나는 전압을 원하는 수준의 높은 전류를 만들 수 있도록 여러 장비를 개선하고 정교화했다. 이에 관심이 있는 사람은 1900년 6월《센추리 매거진》에 게재한 나의 논문〈인간 에너지를 상승시키는 데 따르는 문제점The Problem of Increasing Human Energy〉(제2부 인간 에너지를 어떻게 높일 것인가)을 읽어보면 그곳에서 내가 실행한 실험 정보를 얻을 수 있다.

나는 《실험전기학》 편집자로부터 잡지의 젊은 독자들이 '증폭전송기' 건설과 작동, 목적 등에 대해 쉽게 이해할 수 있도록 설명해달라는 요청을 받았다. 설명하자면 이것은 공명변압기인데, 그 2차 코일의 전압을 크게 높여서 상당한 거리의 반경 내 넓은 지역의 표면을 작은 밀도의 전기로 덮도록 하는 것이다. 그렇게 되면 전선(電線)이 그대로 노출되더라도 전력 손실이 일절 발생하지 않는다.

이것은 어떤 초당 수 사이클에서 수천 사이클까지 어떤 주파수도 가능하며 어마어마한 전류량과 중간 정도의 전압을 가진 전류를 생산하거나, 작은 전류량에 높은 전압을 가진 전류를 생산하는 데 이용할 수 있다. 최대 전압은 하전 소자가 들어 있는 표면의 곡률과 면적에만 좌우된다.

경험에서 생각해보면 전압은 1억 볼트도 가능하다. 얻을 수 있는 전압에 제한이 없다는 말이다. 이때 안테나에서는 수천 암페어의 전류가 생긴다. 하지만 이러한 결과를 얻는 데 필요한 시설은 그리 크지 않아도 된다. 이론적으로 터미널의 직경이 27미터 이하여도 그 정도 크기의 전압이 발생할 수 있으며, 직경이 9미터를 넘지 않아도 보통의 주파수에서 2000~4000암페어의 전류가 안테나에 생길 것이다.

이러한 무선전송기에서 헤르츠파 복사는 전체 에너지에 비해 거의 무시할 정도다. 즉, 이러한 조건에서는 감쇠 요인이 극단적으로 작으며 막대한 전하를 대용량으로 축적할 수 있다. 그와 같은 회로는 저주파를 포함하여 어떤 종류의 임펄스로도 활성화할 수 있고 사인파 형태의 연속적 진동을 발생시킬 것이다. 교류발전기에서 나오는 진동과 비슷하다.

그러나 좀 더 엄격히 보면 이것은 진동변압기로서 이와 같은 특성을 갖는 외에도 지구 및 지구의 전기적 특성에 맞추어 설계되어 에너지 무선전송에 고도로 효율적이며 효과적일 것이다. 거리는 전혀 문제가 되지 않으며 전송되는 임펄스 강도의 감쇠는 없을 것이다. 정확한 수학적 법칙에 따르면 전송시설로부터 거리가 증가하면 그 작용도 증가하게 만들 수 있다.

이러한 발명은 나의 무선전송 '세계 시스템'을 구성하는 요소 중 하나로 1900년 뉴욕으로 돌아와서 실용화에 착수했다.

| 세계 시스템, 모바일 통신을 예측하다

이와 같은 사업을 진행하는 목적은 당시에 분명하게 기술했다. 여기에 다시 한 번 인용하면 다음과 같다. '세계 시스템'은 학자들이 이미 이루어놓은 발견과 내가 오랜 연구와 실험을 통해 얻은 성과를 조합한 결과다. 어떤 종류의 신호, 메시지 혹은 문자라도 세계 모든 곳으로 즉시 그리고 정밀하게 무선으로 전송할 뿐만 아니라 기존의 전신, 전화 등 다른 신호전달 체계를 장비 교체 없이 연결할 수 있다.

예를 들어 전화 가입자는 지구상 어디에 있든 상대방에게 전화를 걸어 대화할 수 있다. 시계보다 작고 값싼 수화기를 이용해 지구의 대륙이나 바다 위 어디서든 통화하거나 연주하는 음악을 들을 수 있다.

이와 같은 사례는 이렇게 위대한 과학적 발전이 가져올 가능성을 말해주는 것으로 거리는 의미가 없어지며, 인류가 유선 전송으로 얻으려는 수많은 목적을 완벽한 자연 전도체인 지구를 이용해 얻을 수 있다. 전선이 있어야 작동하는 어떤 장치라도(이 경우는 분명히 거리의 제한을 받는다) 전선 없이 동일한 정확도로 작동할 수 있으며, 지구의 물리적 크기 범위 외에는 어떤 거리 제한도 없게 될 것이다. 따라서 이와 같이 이상적인 전송방법이 가능해지면 완전히 새로운 산업적 발전 분야가 열릴 뿐만 아니라 기존의 분야 또한 크게 확대될 것이다.

'세계 시스템'은 다음과 같은 중요한 발명과 발견의 응용에 기초한다.

테슬라 변압기

이 장치는 전기적 진동을 만들어내는데 전쟁에서 사용하는 화약 같이 혁명적인 발명이다. 이러한 변압기는 기존의 전류 생산방법보다 몇 배나 강한 전류를 만들 수 있으며, 이를 이용하여 수백 미터 떨어진 위치에서도 스파크를 발생시킬 수 있었다.

증폭 전송기

이것은 나의 가장 훌륭한 발명품인데 지구에 전하를 줄 수 있도록 특별히 개조한 변압기다. 우주 관찰에 망원경이 없어서는 안 되는 것처럼 전기에너지 전송에 필수적이다. 이 기적의 장치를 사용하면 번개보다 더 강한 전기적 움직임을 발생시켜서 200개 이상의 백열등을 밝힐 수 있는 전류를 지구에 흐르게 할 수 있다.

테슬라 무선 시스템

이것은 여러 가지 개선점을 포함하며 전기에너지를 송전선 없이 멀리 보낼 수 있는 유일한 경제적 방법이다. 내가 콜로라도에 기지국을 세워 활동한 것과 관련되는 여러 가지 실험과 도구를 이용하면 필요한 양의 에너지를 지구 모든 지역으로 보낼 수 있으며, 이때 발생하는 에너지 손실은 불과 몇 퍼센트 이내다.

개별화 기술

이것은 일종의 '튜닝'이다. 이 기술을 이용하면 신호나 메시지를 전송하는 쪽과 받는 쪽 모두 암호화할 수 있다. 즉, 중간에 끼어들 수 없다. 각각의 신호는 고유한 하나의 개체처럼 다루어지며, 상호 간섭이 거의 없이 동시에 작동하는 기지국이나 장치의 수에 제한이 없어진다.

지구 정상파Stationary Waves

이것은 매우 획기적인 발견으로 지구가 특정 주파수의 전기적 진동에 반응한다는 것인데 쉽게 설명하면 소리굽쇠가 특정 음파에 공명하는 것에 비유할 수 있다. 이와 같이 특정한 전기적 진동은 지구에 강력한 전기를 띠게 할 수 있으며, 이것은 상업적인 면에서 매우 다양하게 이용할 수 있다.

'최초의 세계 시스템'은 9개월 내에 작동할 것이다. 이 출력 시설을 이용하면 1000만 마력에 달하는 전력을 얻을 수 있을 것이고, 이렇게 되면 수많은 기술적 발전을 매우 적은 비용으로 실용화할 수 있다. 그중에서도 다음과 같은 것이 특히 중요하다.

· 전 세계의 기존 전신망이나 전신국을 서로 연결한다.
· 보안이 유지되고 침입 우려가 없는 정부 전신망을 구축한다.
· 전 세계의 기존 전화망이나 전화국을 서로 연결한다.
· 전신이나 전화를 이용해 각종 뉴스를 전 세계에 송신한다.
· 사적인 정보도 프라이버시를 유지하며 전송하는 '세계 시스템'을 구축한다.
· 세계의 주식시세를 실시간으로 연결한다.
· 전 세계에 음악 발송이 가능한 '세계 시스템'을 구축한다.
· 세계시간을 표시하는 데 매우 정확하고 값싼 시계를 이용할 수 있다.
· 타이핑하거나 수기로 기록한 문자, 편지, 수표 등을 전 세계로 전송한다.
· 범세계적 항해 시스템을 구축하여 나침반 없이도 모든 선박이 항로를 설정하고 정확한 위치와 시간, 속도 등을 확인함으로써 충돌과 재난을 예방한다.
· 육상과 해상에 세계적 인쇄 시스템을 구축한다.
· 모든 종류의 도면과 사진, 기록 등을 전 세계에서 재생한다.

나는 또한 전력 무선전송의 가능성을 확신했기 때문에 소규모로도 시연할 것을 제안했다. 그 외에도 나의 발견과 관련하여 다른 여러 가지 중요한 활용 방안을 제시했으며, 앞으로 실현될 것이라 기대한다.

그 시설은 롱아일랜드에 건설했는데 57미터 높이의 탑에 직경이 약 21미터인 구형 터미널을 장착했다. 이러한 규모의 시스템은 사실상 전송할 수 있는 에너지의 양에 제한이 없다고 생각할 수 있다. 처음에는 200~300킬로와트(kW) 정도지만 나는 나중에 수천 마력까지 높일 생각이었다. 그 전송기는 특정 주파수를 복합하여 내보내는 방식이었으므로, 나는 어떤 크기의 에너지라도 모두 원격으로 조절할 수 있는 독특한 방법을 구상했다. 그 탑은 2년 전(1917년)에 파괴되었지만 나의 프로젝트는 계속 발전 중이며 조만간 좀 더 개선된 형태로 탑을 다시 건설할 것이다.

미국 정부가 그 구조물을 철거했다는 이야기가 회자되고 있지만 나는 그렇지 않다고 본다. 미국이 현재 전쟁 상황이기 때문에 사람들에게 선입견을 갖게 했을 것이다. 사실 나는 30년 전에 미국 시민권을 획득했으며 나의 학위나 각종 수상 경력 등도 미국에서 그대로 인정받고 있다.

그 소문이 사실이라면, 나는 전송탑 건설에 지출한 자금을 많이 보상받았을 것이다. 그러나 그 반대로 탑을 보존하는 것이 정부에는 이익이다. 한 가지만 예를 들면, 이 시설을 이용하면 세계 모든 곳에 있는 잠수함의 위치를 확인할 수 있기에 정부로서는 중요한 가치가 있었다. 내가 특허를 보유한 시설이나 서비스, 그리고 내가 이룬 모든 성과는 항상 미국 정부가 어떤 식으로든 다루어주었으며, 나는 유럽의 전쟁 발발 이후 비행 항로추적이나 선박 추진 그리고 무선전송과 같이 미국에 아주 중요한 기술과 관련된 나의 발명을 정부가 무료로 사용하도록 해왔다.

잘 아는 사람들은 나의 아이디어가 미국 산업에 혁명을 일으켰다고 생각한다. 특히, 전쟁에 나의 발명품을 활용한 것은 미국에 행운이다. 그렇지만 나는 이와 관련해 나의 생각을 공개하지 않으려 했다. 전 세계가 전쟁의 참화로 고통을 받고 있는데 개인적인 문제를 주장하는 것은 부적절하다고 생각했기 때문이다.

그리고 들려오는 여러 소문에 비춰볼 때 J. P. 모건이 나와 사업을 같이 하지는 않지만 다른 발명가들을 지원했듯이 내게 호의를 가지고 있다고 생각한다. 그는 내게 자신의 호의를 표현하는 내용을 담은 편지를 보내왔으며 이것은 그가 할 수 있는 최대의 지원일 것이다. 그는 내가 거둔 성과에 지대한 관심을 보이고 있으며 내가 뜻하는 일은 무엇이든 성취할 것이라며 나의 능력에 절대적인 믿음을 보내주었다. 나는 소심하고 질투심에 찬 사람들의 훼방을 가만두지 않을 것이다. 내게는 이런 사람들이 고약한 질병을 일으키는 원인균일 뿐이다. 나의 프로젝트는 자연 법칙 때문에 지체되었다. 세계가 아직 그에 대한 준비가 되지 않았던 것이다. 시대를 너무 앞서 나갔다. 그러나 그러한 법칙은 결국에는 극복되어 나의 노력이 위대한 성공으로 이어질 것이다.

6. 미래를 내다본 원격 자동화 기계

| 증폭 전송기 발명의 효과

지금까지 내가 한 연구활동 가운데 증폭 전송기 시스템을 설계할 때처럼 나의 모든 신경을 집중하고 뇌세포 하나하나가 위험할 만큼 혹사시킨 적이 없다. 내 젊은 시절의 모든 열정을 회전자기장 발견과 연구에 쏟았지만 그 시기의 연구 활동은 달랐다. 당시에도 매우 긴장했지만 무선전송에 관련된 여러 문제와 씨름할 때처럼 심신이 모두 극한까지 집중할 정도는 아니었다.

무선 시스템에 집중할 때 육체는 어떻게든 견뎌냈지만 신경의 혹사는 결국 탈을 불러 나는 완전히 피폐한 상태가 되었다. 길고도 어려운 과정의 완성을 눈앞에 둔 시점이었다. 신의 가호가 없었다면 나는 나중에 대가를 치르고 어쩌면 나의 경력이 끝날 수도 있었다. 신이 마련한 안전장치는 날로 강화되어 나의 기력이 끝날 때 어김없이 작동했다. 이 장치가 있는 한 나는 과로를 걱정할 필요가 없었다. 다른 발명가는 과로를 피하려면 휴가가 필수지만 내게는 전혀 필요가 없었다. 내 몸이 극도로 피곤해지면 그냥 마음 편히 한숨 자면 해결되었다.

내 몸에 어떤 독성 물질이 아주 조금씩 쌓여서 결국은 의식이 몽롱한 상태로 빠지는 것으로 생각된다. 이 상태는 30분쯤 지속되는 상태다. 이 상태에서 깨어나면 방금 있던 일이 한참 전에 일어났던 것처럼 느껴지고, 중단된 생각을 다시 이어가려면 정신적 구역감이 밀려온다. 그러면 나는 어쩔 수 없이 다른 생각을 하게 되는데 이때는 놀랄 만큼 정신이 맑아지고, 심각한 장애물도 쉽게 극복할 수 있다. 수 주 내지 몇 달이 지나면 일시적으로 포기한 발명에 대한 열정이 되살아나고 별로 힘들이지 않고도 어려운 문제를 풀어냈다.

이와 관련해서 나는 심리학 전공 학생이라면 귀가 솔깃한 특이한 경험을 했다.

나는 지상에 설치한 전송기를 이용해 놀라운 현상을 도출하고 지구를 통해 전파되는 전류와 관련해서 그 의미를 해석하는 데 골몰하고 있었다. 그 연구는 이제 가망이 보이지 않았으며 1년 이상 힘들게 한 노력이 물거품이 될 상황이었다. 그 연구는 나를 완전히 삼켜버려서 다른 것은 생각조차 할 수 없었다. 나는 건강이 상하고 있다는 사실도 알아차리지 못했다. 마침내 한계에 이르렀을 때 자연이 내게 보호조치를 취했다. 죽은 듯한 수면에 빠져든 것이다. 의식을 차렸을 때 나는 갓난아기였을 때처럼 의식 속으로 들어온 첫번째 장면 외에는 내 삶과 관련된 어떤 것도 떠올릴 수 없어 매우 당황했다. 이상하지만 이처럼 내 눈앞에 나타난 장면은 매우 뚜렷했으며 오히려 내게 안정을 주었다. 밤마다 잠이 들려면 그 장면에 대해 생각했고 그럴수록 나의 과거 존재가 점점 더 많이 떠올랐다.

나의 의식 속에 서서히 펼쳐지는 장면의 중심에는 언제나 어머니의 모습이 있었으며 어머니를 다시 보고 싶은 갈망에 점점 더 강하게 사로잡혔다. 이러한 감정은 매우 커져서 모든 연구를 중단하고 갈망에 매달려야 했다. 하지만 그렇다고 실험실을 비울 수는 없었다. 그 후 1892년 봄까지의 과거 장면을 떠올리느라 몇 달이 지나갔다.

잊어버린 기억 속에서 떠오른 그다음 장면 중에는 파리의 호텔 드 라페에 있는 내 모습이 있었다. 두뇌를 오랫동안 혹사시킨 후 빠지는 특별한 잠에서 막 깨어났을 때 나타났다. 어머니가 돌아가시려 한다는 슬픈 소식을 전보받았을 때 내 가슴에서 느낀 충격과 아픔이 머릿속에 떠올랐다. 나는 집을 향해 먼 길을 가면서 한 번도 쉬지 않았으며 어머니는 몇 주 동안 통증에 시달리다 돌아가셨다.

이렇게 부분적으로 망각된 기억이 살아나는 동안에도 내 연구 주제와 관련된 모든 것은 생생하며 이것은 특별하다. 나는 아주 세세한 사항뿐만 아니라 실험 과정에서 별 의미가 없던 관찰이나 실험 책자의 페이지, 그리고 복잡한 수학공식까지도 기억한다.

나는 '보상의 법칙'을 믿는다. 진정한 보상은 투입된 노동이나 희생에 비례한다고 생각한다. 나의 모든 발명과 증폭 전송기가 미래 세대에 무엇보다 중요한 가치가 있다고 확신하는 이유다. 이러한 발명이 분명히 가져올 산업혁명이나 상업적 측면에서의 발전만이 아니라 디딤돌이 되어 인류에 기여할 결과를 생각해도 그렇다. 인류 문명이 누리게 될 커다란 혜택과 비교할 때 효용성 하나만을 생각하는 것은 의미가 없다.

| 핵 에너지가 초래할 불행한 미래를 보다

인류는 무서운 문제에 직면해 있는데 이것은 물질적 풍요만으로 해결할 수 없다. 오히려 물질적 풍요만을 지향하는 발전에는 갖가지 위험이 도사리고 있으며, 그와 같은 위험은 물질적 결핍과 그로 인한 고통이 야기하는 위험보다 훨씬 심각하다. 세계의 어느 한 국가가 원자 에너지를 방출하거나 값싸고 무제한적인 에너지를 개발하는 다른 방법을 발견한다면 그 결과는 축복보다는 재앙으로 다가와 불화와 무질서를 초래할 것이다. 그리고 이는 폭력적 권력의 대두로 이어질 수 있다.

통합과 조화를 지향하는 기술 발전에는 숭고한 선의가 생길 수 있는데, 나의 무선전송이 분명히 그렇다. 이러한 수단을 이용하면 인간의 음성과 사진이 어디서나 재생되고 전력을 생산하는 폭포에서 수천 킬로미터나 떨어진 곳에 위치한 공장이 돌아갈 수 있다. 항공기도 도중에 착륙하지 않고 지구 어느 곳으로나 날아가며 태양에너지를 활용하여 호수와 강을 만들어 메마른 사막을 옥토로 바꿔놓을 수 있다. 전신이나 전화 등에 사용하면 현재처럼 무선기술의 이용을 제한하는 잡음이나 혼신을 제거할 수 있을 것이다.

이것이 지금 다루어야 하는 과제이며 말로 해결할 일이 아니다. 지난 10여 년 동안 많은 사람이 이와 같은 걸림돌을 제거하는 데 성공했다고 주장했다. 나는 그들이 주장하는 모든 설계 자료를 신중히 검토했고, 그것이 공개되기 훨씬 전에 그 대부분을 검정했지만 모두 다 의미가 없는 것으로 나타났다. 최근 미국 해군의 공식 발표에 따르면 일부 기자들이 실제 가치를 과대 포장하여 발표한 것이라 한다. 대부분 그와 같은 연구가 내세운 이론적 근거는 터무니가 없어 자세히 살펴보면 실소를 금할 수 없다. 새로운 발견을 성취했다며 맹목적인 찬사가 흘러넘친 적이 있지만 결국은 흐지부지되어서 태산명동서일필(泰山鳴動鼠一匹)이라는 동양 속담이 딱 어울리는 상황이 되었다.

그 일은 내가 고주파수 전류를 이용해 실험할 때 일어난 흥미로운 사건을 생각나게 했다. 스티브 브로디가 브루클린 다리에서 뛰어내리는 데 최초로 성공한 직후였다. 그 후에는 다른 많은 사람도 브루클린 다리에서 뛰어내리는 데 성공하여 그 다리에서 뛰어내려도 별것 아닌 일이 되었다. 하지만 그 인쇄공 브로디가 최초로 뛰어내려 생존한 사건이 처음 기사로 보도되었을 때는 뉴욕 전체가 크게 흥분하였으며, 당시 나도 감명을 받아서 그 인쇄공에 대해 여러 사람에게 자주 말하곤 했다.

어느 더운 날 오후, 나는 좀 쉴 요량으로 대도시 뉴욕의 어디에나 지천으로 흔한 한 건물로 혼자 걸어 들어갔다. 상쾌한 음료수를 판매하는 곳이었는데 손님이 많아 서로 섞이고 온갖 애기가 오가고 있었다. 그중 어떤 한 주제에 끼어든 내가 무심코 이렇게 말했다.

"그건 내가 그 다리에서 뛰어내렸을 때 했던 말인데."

이 말이 입 밖으로 나가자마자 대혼란이 벌어지며 10여 명이 동시에 외쳤다.

"브로디가 여기 있다!"

나는 카운터에 동전을 던지고는 문을 향해 뛰어 도망갔지만 많은 사람이 쫓아오며 소리쳤다.

"스티브, 잠깐만 서보게!"

많은 사람이 오해하고 잡으려 했기에 나는 필사적으로 달렸다. 비상계단을 뛰어내려 한참을 도망친 끝에 모퉁이를 돌아 가까스로 연구실에 도착했다. 그곳에서 코트를 벗고 방금 일을 끝낸 대장장이처럼 위장하여 숨었다. 하지만 그럴 필요까지는 없었다. 더 이상 사람들이 나를 쫓지 않았던 것이다.

그로부터 몇 년 동안 밤이면 침대에 누워 자주 그날의 작은 소동을 떠올리면서 사람들이 나를 잡아 내가 스티브 브로디가 아닌 것을 알아챘다면 내 운명이 어떻게 되었을까를 생각했다.

| 마침내 무선 시스템을 완성하다

최근 혼신을 처리하는 새로운 방법에 대해 전문가들 앞에서 '지금까지 알지 못한 자연의 법칙'을 중심으로 설명한 엔지니어가 있는데, 그는 송신기의 전파가 땅속을 따라 전해지는 반면 이러한 장해는 위로 혹은 아래로 전파된다는 무리한 주장을 펼쳤다. 그 주장은 결국

이 지구 자체가 대기로 덮인 축전기와 같으므로 충전과 방전을 하는 방식은 기초 물리학 교과서에서 제시하는 기본 사항과 매우 다르다고 말하는 것과 같다. 그와 같은 가정은 프랭클린의 시대에도 틀린 이론이 될 것이다. 당시에 이미 이와 관련된 사실이 잘 알려졌고, 대기에서 발생하는 전기와 기계에서 발생하는 전기가 동일하다는 것이 정설로 확립되었기 때문이다.

신호는 자연적인 것이든 인공적인 것이든 땅과 대기에 정확하게 같은 방식으로 전파된다는 것은 분명하다. 두 가지 모두 수직방향과 수평방향으로 기전력을 일으킨다. 그러므로 제안된 방식으로는 혼신을 해결하지 못한다. 사실은 이것이다. 공기 중에서는 고도가 약 0.3미터 높아질 때마다 전압은 약 50볼트 비율로 상승하는데 그렇기 때문에 안테나 상단과 하단 사이에는 2만 볼트 내지 4만 볼트까지 전압차가 존재할 수 있다. 전기를 띤 대기 덩어리는 끊임없이 움직이면서 전도체에 전기를 내어준다. 하지만 이것은 지속적으로 일어나지 않고 단속적으로 발생하는 현상으로 이때 민감한 전화 수신기에서 잡음이 들리는 것이다. 안테나 상단의 고도가 높을수록 전선이 지나는 공간이 더 넓어 이러한 영향이 더욱 뚜렷하게 나타난다. 하지만 이와 같은 영향은 순전히 지엽적인 것으로 실제적 문제와는 전혀 관계가 없다는 사실을 이해해야 한다.

1900년 내가 완성해가던 무선시스템들 중에 네 개의 안테나로 구성된 장치가 있었다. 이들 안테나는 동일한 주파수가 되도록 정교히 조절하여 어느 방향으로 수신해도 서로 증폭되도록 연결되었다. 전송되어 온 임펄스가 어디에서 왔는지 확인할 때는 대각선으로 위치한 두 개의 안테나를 검출회로에 전압을 가해주는 1차 코일과 직렬로 배치했다. 전자는 전화 수신기에서 소리가 크게 들리는 반면 후자는 예상대로 소리가 멈추었다. 두 개의 안테나가 서로 중화작용을 했기 때문이다. 하지만 실제로는 두 가지 상황에서 모두 잡음이 나타났고, 나는 여러 가지 원리를 종합하여 특별한 예방책을 구상해야 했다. 하전된 대기가 야기하는 문제는 현재와 같은 구조에서는 매우 심각하지만 내가 오래전에 제안했던 것처럼 땅과 두 지점에서 연결된 수신기를 도입하여 해결할 수 있다.

그리고 회로가 가지는 방향성 특성을 이용하면 어떤 종류의 혼신 가능성도 절반으로 줄일 수 있다. 이것은 매우 자명하지만 아직 구식 장치 사용 경험만 있는 일부 무선기술자들은 생각하지 못한 일이어서 받아들이기 어려울 수도 있다. 그런 구식 장치로도 가능하다면 안테나 없는 형태로 수신하면 잡음을 간단히 제거할 것이다. 하지만 실제로는 땅속에 묻힌 전선이 영향을 받지 않을 수 없기 때문에 공중에 수직으로 설치된 경우보다도 외부에서 오는 임펄스에 더욱 민감하다.

솔직히 말해 약간의 진전이 있긴 했지만 어떤 방법이나 장치에서 비롯된 것은 아니었다. 단순히 여러 가지 구성 장치를 폐기한 데서 얻어졌을 뿐이다. 전송에 부적절하고 수신에도 맞지 않는 장치를 없애고 수신 장치를 적절한 형태로 바꾼 것이다. 이미 지적한 것처럼, 이러한 문제점을 영구적으로 해결하려면 시스템을 근본적으로 개혁해야 하며 그것은 빠를수록 좋다.

지금과 같이 기술이 막 태동하는 시기에는 전문가를 포함한 대다수의 사람이 그 기술의 궁극적 가능성을 이해하지 못한 상태에서 관련 법안이 의회를 통과하여 정부가 독점할 수 있다. 대니얼 해군장관에게 이런 법안을 수주 전에 제출했는데, 이 실세 장관은 확신에 차서 상원과 하원에 적극적으로 로비했을 것이다. 그러나 경쟁이 공정하게 이루어질 때에 가장 좋은 결과를 얻을 수 있다는 것은 보편적 진리다.

하지만 무선전송 개발에 최대한의 재량을 주어야 할 예외적인 이유가 있다. 먼저, 무선전송은 인류 역사에서 다른 어떤 발명 혹은 발견보다 인류의 삶을 개선하는 데 더 크게 더 결정적으로 기여할 수 있다. 그리고 이 놀라운 기술은 전체가 바로 이곳 미국에서 개발되었고, 전화나 백열등 혹은 비행기보다 그 권리와 재산권 측면에서 보아도 훨씬 더 '미국산'이기 때문이다.

상업 언론이나 주식브로커는 거짓 정보를 퍼트리는데 《이언티픽 아메리칸》 같은 저명한 잡지조차도 외국의 이러한 정보 왜곡에 넘어가기도 한다. 물론, 독일의 헤르츠가 헤르츠파를 발견하자 영국, 프랑스, 이탈리아의 과학자들은 이를 재빨리 신호전송 목적으로 이용하였다. 이것은 이미 존재했지만 개선되지 않은 유도코일에다 그 새로운 수단을 적용하여 이룬 성과일 뿐이다. 즉, 회광신호법(回光信號法)의 한 종류에 불과하다. 그 전송 반경은 매우 협소하고 무의미한 결과만 얻었지만 정보전달의 수단으로 헤르츠파는 음파를 대신할 수 있었다. 이것은 내가 이미 1891년에 주장한 방법이다. 그리고 무선시스템의 기본 원리가 제시된 이후 3년 동안 이와 관련된 아무런 연구도 진행되지 않았는데 무선전송은 오늘날 보편적으로 채택되고 그 활용 가능성이 미국에서 분명히 알려져 있다. 그에 비해 헤르츠파를 이용하는 장치나 수단은 현재 거의 남아 있지 않다. 그러니까 우리는 정반대 방향으로 발전해왔으며, 지금까지 이룩한 것은 바로 이 나라 미국인의 두뇌와 노력의 결과다. 관계된 주요 특허는 효력을 상실했고 모두가 이용할 수 있도록 열려 있다. 대니얼 해군장관의 주된 논지는 혼신에 근거한 것이다. 7월 29일자 《뉴욕 헤럴드》에 게재된 그의 주장에 따르면 강력한 통신기지국에서 오는 신호는 세계 어느 곳에서나 받을 수 있다고 한다. 1900년에 내가 실험에서 제시한 바 있는 이 사실을 감안하면 미국 내에서 제한해도 아무런 효과가 없을 것이다.

이것을 명확히 하기 위해 한 가지 일화를 소개한다. 나는 최근 특이한 모습을 한 한 남성으로부터 인적이 드문 어떤 장소에 세계 송신기를 건설하려고 구상하고 있는데 자신과 어떻게 협력할 수 있는지 말해달라고 했다. 그는 말했다.

"우린 자금이 없소. 하지만 화물차 한 대 분량의 금괴가 있으니 당신이 필요한 만큼 가져다 쓰시오."

나는 미국 내에서 나의 발명을 이용해 무엇을 할 수 있을지 먼저 알았으면 한다고 대답하고 그 만남을 끝냈다. 그러나 나는 어둠의 세력이 움직이고 있으며, 시간이 지날수록 지속적인 통신이 더 어렵게 될 것이라 확인하게 된 것으로 만족했다. 유일한 해결책은 이러한 방해를 이겨낼 수 있는 시스템을 구축하는 것이다. 하지만 그것은 이미 존재하고 완성되었으며 이제 가동하기만 하면 된다.

| 원격자동기계를 무기로

사람들은 아직 전쟁을 무엇보다도 무서워하기 때문에, 증폭송신기를 공격과 방어의 무기로 사용하면, 특히 '원격자동기계(텔오토매틱스, 텔오토매톤)'와 연결하여 사용한다면 큰 반향을 불러올 수 있다. 이러한 발명은 내 어린 시절부터 시작해서 일생 동안 계속된 관찰의 결과다. 그 첫 결과를 발표할 때, 《일렉트리컬 리뷰》는 편집자의 글에서 "인류의 진보와 문명에 크게 영향을 주는 요소가 될 것"이라 평가했다. 이 예상이 실현될 날이 멀지 않았다. 1898년과 1900년에 나는 이것을 정부에 제안했다. 정부에 안목이 있는 인사가 있었다면 이 제안을 채택했을 것이다. 당시 나는 이 발명이 전쟁을 막을 수 있다고 진지하게 생각했다. 엄청난 파괴력이 있지만 전투병은 없기 때문이다. 그러나 나는 아직 그 가능성에 대한 믿음을 잃지 않고 있지만 관점은 변했다.

전쟁은 물리적 원인을 제거하지 않는 한 피할 수 없다. 그리고 최근의 연구에서는 전쟁의 원인이 우리가 살고 있는 이 지구가 너무 광대하기 때문이라 한다. 지식의 전달, 사람과 식량의 운송, 에너지 공급과 전송 같은 모든 면에서 거리를 없애는 일이야말로 영구적인 우호관계를 확립하는 길이며 언젠가 그날이 도래할 것이다. 지금 우리는 모두 서로 가까워져야 한다. 그래야만 전 지구상의 개인과 사회가 서로를 이해할 수 있을 뿐만 아니라 포악한 싸움을 초래하는 국가이기주의나 우월해지려는 집착을 피할 수 있다. 어떤 동맹을 맺고 협상을 벌이더라도 그와 같은 참화를 피할 수는 없다. 약자를 강자의 지배 아래 두는 새로운 도구일 뿐이다.

나는 이와 관련해 주요국 정부가 일종의 '신성동맹'을 결성하던 14년 전부터 의견을 제시해왔다. 당시 유명한 기업인 앤드루 카네기도 이를 지지하여 대통령의 노력에 더 큰 힘을 실어주었다. 취약한 주민 중 일부가 그러한 협력의 대가로 물질적 혜택을 입었음을 부인할 수는 없지만, 그러한 협력이 추구한 주요 목적은 달성할 수 없었다. 평화는 세계적인 계몽과 민족끼리 융합할 때 자연적으로 얻어지는 결과일 뿐이다. 그리고 우리가 이러한 꿈을 실현하기까지는 아직 가야 할 길이 멀다.

우리가 거대한 싸움(제1차 세계대전. 이 책은 1919년에 발표되었다—옮긴이)을 목격했던 것처럼 오늘날의 세계 상황에서 인류의 이익을 극대화하려면 미국이 자신의 전통을 유지하며 '뒤죽박죽된 동맹 관계'를 탈피해야 한다고 확신한다. 미국은 지리적으로 전쟁의 현장에서 멀리 떨어져 있으며, 영토 확장을 추구할 동기가 없다. 무한한 자원을 보유하고 자유와 정의의 정신에 충실한 많은 국민이 있기 때문에 혜택 받은 국가다. 그러므로 이 나라는 과거 어떤 동맹보다 더 효과적이고 정의롭게 독자적으로 자신의 거대한 힘과 도덕성을 모두를 위해 사용할 수 있다.

| 백년 전 모바일 통신과 인공지능을 예측하다

《실험전기학》에 게재한 나의 여러 자전적 이야기들 속에서 어릴 적 나의 상황을 비롯해 나의 눈앞에 끈질기게 나타난 어떤 영상 때문에 괴로웠던 질환에 대해 설명했다. 이러한 정신작용은 처음에는 질병과 고통에 수반되어 나타났고 내가 어떻게 대응할 수 없었지만 이와 같은 현상이 점차 내게 제2의 천성으로 자리 잡게 되어, 나는 스스로 생각과 행동에 자유의지가 없는 자동기계에 불과하다는 생각까지 하게 되었다. 외부 환경의 힘에 단순하게 반응만 하는 존재라고 생각했다. 사람의 신체구조는 매우 복잡하며 취할 수 있는 동작은 무한히 많다. 그리고 감각기관이 느끼는 외부 자극은 사람이 알아차리기 어려울 정도로 섬세하고 애매하다. 그래서 생명기계 이론이 무엇보다 더 설득력이 있다. 생명기계 이론은 300년 전의 철학자 데카르트가 제기했다. 그러나 당시에는 생명체의 중요한 많은 기능이 알려지지 않았다. 특히, 빛의 성질이나 눈의 구조 및 작용 등에 대해 철학자들은 전혀 모르고 있었다.

최근 이 분야의 과학연구가 발전함에 따라 이제는 이러한 견해에 의문의 여지가 없는 수많은 연구성과가 발표되고 있다. 그중 가장 탁월한 학자로 프랑스의 생물학자 펠릭스 르 당텍이 있는데 그는 유명한 파스퇴르의 조수였다. 그리고 미국의 생리학 교수인 자크 뢰브는 생명체의 굴광성(屈光性)과 관련한 실험 결과 하등 생명체도 빛을 통제하는 능력이 있음을 분명히 밝혔다. 그는 최근 계시적이라고도 할 수 있는 책《강제 운동*Forced Movements*》을 펴냈다. 과학자들은 이 이론을 "그냥 그렇군." 하는 정도로 받아들이지만 나에게는 그것이 생각과 행동 하나하나를 설명하는 진리였다. 외부 자극을 인식하면 신체적으로나 정신적으로 어떤 노력을 하게 되고 이것은 항상 마음속에 남는다. 내가 그 자극이 무엇인지 파악하지 못하는 경우는 아주 드문데, 그 경우는 주로 특별히 무엇에 집중하고 있을 때다.

하지만 사람들은 대부분 자신에게 무슨 자극이 와 닿고 자신의 내부에서 무슨 일이 일어나고 있는지 알아차리지 못하기 때문에 수백만 명이 질병에 걸리고 또 죽음에 이른다. 그들에게는 매일 일어나는 흔한 일도 이해할 수 없는 불가사의다. 구름이 태양을 가리기만 해도 무슨 일인지 머리를 감싸거나 갑자기 슬픔에 잠기기도 한다. 친한 친구의 모습도 잘 생각이 나지 않아서 친구가 거리에서 자신의 앞을 지나가거나, 어디선가 그의 사진을 보아야만 떠올릴 수 있을 때가 많다. 물건을 어디 두었는지 몰라 한 시간을 허둥대기도 하며, 조금 전에 자신이 무슨 일을 했는지도 생각나지 않을 때도 있다. 관찰력이 부족하여 사실을 인식하지 못할 뿐만 아니라 여러 가지 무지와 오해를 초래하기도 한다. 텔레파시 같은 심리적 작용이나 영혼, 그리고 죽은 자와의 교류 등을 믿지 않는 사람은 10명 중 1명도 되지 않으며 사기꾼의 달콤한 말에 넘어가지 않는 사람도 드물다.

이와 같은 경향이 두뇌가 명석한 미국인들 속에 얼마나 깊이 뿌리

박혔는지 보여주는 재미난 사건 한 가지를 들려주겠다. 전쟁(제1차 세계대전—옮긴이) 직전에 나는 뉴욕에서 터빈을 전시했는데, 여러 기술과 관련된 언론들이 이를 대대적으로 보도했다. 그래서 나는 그 발명을 서로 입수하기 위해 제조사들 사이에 치열한 경쟁이 벌어질 것으로 예상하여 디트로이트에서 온 한 사람을 특별히 주시했다. 그에게는 수백만 달러를 모을 수 있는 비상한 능력이 있기 때문이었다. 나는 그가 조만간 나타나서 내 후원자가 될 것이라고 확신했다.

어느 맑은 날 아침에 포드자동차회사에서 기술자들이 찾아와 중대한 사업 문제를 얘기하고 싶다고 했다. 나는 의기양양하게 직원들 앞에서 말했다.

“내가 말하지 않았던가요?”

그러자 그중 한 사람이 대답했다.

“테슬라 선생님, 정말 놀랍게도 모든 것이 당신 예상대로 적중했습니다.”

그 사람들이 앉자마자 나는 터빈의 장점에 대해 늘어놓기 시작했는데, 그들 중 대표자로 보이는 사람이 내 말을 자르며 끼어들었다.

“우리 모두 그걸 잘 알고 있습니다. 하지만 우린 특별한 지시를 받고 왔습니다. 우리는 초자연적 현상에 대해 탐구할 심리학회를 결성했습니다. 그래서 우린 선생님께서 이 일에 참가해주시기를 요청드립니다.”

그 기술자들은 자신들이 바로 내 사무실에서 쫓겨날 것이라고는 짐작도 못했을 것이다.

나는 당시에 과학계를 이끌며 이름을 떨친 몇몇 위인들로부터 내 두뇌가 비상하다는 말을 들은 이후 중요한 문제를 해결하는 데 나의 사고 능력 전부를 쏟았다. 그에 따르는 희생에는 신경 쓰지 않았다. 몇 년에 걸쳐 죽음이라는 난제에 대답하려고 노력했으며 다양한 영적인 현상을 열심히 관찰했다. 그러나 나는 지금까지 살아오면서 단 한 차례만 초자연적이라는 느낌을 주는 순간을 경험했다. 바로 어머니가 돌아가셨을 때다. 당시는 고통과 오랜 불면증으로 완전히 탈진 상태였는데, 어느 날 밤에는 집에서 두 블록 떨어진 건물에 가 있게 되었다. 그곳에서 무기력하게 누워 있으면서 내가 엄마의 병상 옆에 없는 동안에 엄마가 돌아가신다면 내게 무슨 신호를 보낼 것 같은 느낌이 들었다. 두세 달 전에 친구인 화학자 겸 물리학자 윌리엄 크룩스와 함께 지낼 때 심령현상에 대해 이야기했는데 내가 이러한 생각에 큰 영향을 받고 있는 것을 알게 되었다.

나는 학생 때 방사성 물질에 대한 그의 획기적 연구를 읽고부터 전기 연구에 투신한 것인지도 모른다. 어머니는 비범하고 창조적 능력의 소유자로 특히 직관이 뛰어났다. 그날 밤 내 머리의 모든 신경세포가 긴장한 상태로 기다렸지만 아침까지 아무런 일도 일어나지 않아 그만 잠이 들었다. 졸았던 것일 수도 있는데, 그때 신비하게 아름다운 천사가 타고 가는 구름을 보았다. 그런데 한 천사가 나를 사랑스러운 눈길로 바라보았을 때 나는 엄마라고 확신했다. 그 영상은 방 안을 떠다니다 사라졌고 형언할 수 없이 달콤한 목소리가 나를 깨웠다. 그 순간 아무 말이 없었지만 엄마가 돌아가신 것이 확실했다. 그리고 사실이었다.

나는 내가 알게 된 고통스러운 사실의 무게를 견딜 수 없었다. 그래서 이러한 느낌에 억눌리고 신체적으로도 허약한 상태에서 윌리엄 크룩스에게 편지를 썼다. 어느 정도 회복한 이후 한동안 이렇게 나타난 이상한 현상에 외적인 원인이 있을 것으로 생각해서 찾아보았다. 몇 달을 애쓴 끝에 다행히도 성과가 있었다. 나는 유명한 화가의 그림을 보았는데, 그 천사를 실은 구름이 공중을 떠다니는 형태로 한 계절을 묘사한 그림이었다. 나는 이 그림을 보고 충격을 받았다. 엄마를 닮은 천사 외에는 내가 꿈에서 본 장면과 정확하게 같았다. 부활절 아침에 인근 교회에서 합창 소리가 들려왔다. 그래서 모든 것이 과학적인 사실로 만족스럽게 설명되었다.

이것은 오래전 일이지만 그 이후에도 나는 심리적 · 영적 현상에 대한 나의 관점을 바꿀 이유가 없었다. 그러한 현상은 아무런 근거가 없기 때문이다. 그러나 이러한 현상에 대한 믿음은 지적인 발달에 따른 자연적 결과일 것이다. 종교 교리는 더 이상 정통적인 의미로만 수용되지는 않지만 많은 사람이 어떤 초월적 힘을 믿고 거기에 매달린다. 우리는 자신의 행동과 만족의 기준을 결정할 규범을 가져야 한다. 그러나 그것이 종교적 교의나 예술, 과학 혹은 다른 어떤 것인지는 중요하지 않지만 물질주의로부터 벗어나는 기능이 있어야 한다. 인간사회 전체가 평화롭게 존재하려면 한두 가지 개념을 보편적으로 인식하는 것이 필수적이다.

내게는 심리학자나 심령술사의 논쟁에 개입할 어떤 증거도 없지만, 내가 말하는 삶의 자동기계이론은 입증해왔다. 개인의 행동을 계속 관찰했을 뿐만 아니라, 이를 일반화한 이론을 제시하기도 했다. 여기서부터 나는 한 가지 발견에 이르렀으며 그것이 인류 역사에서 위대한 순간이라 생각했다. 이를 간단히 설명하겠다. 어렸을 때 이러한 놀라운 진리를 처음 예감했지만 오랫동안 내가 인식한 것을 단순히 우연의 일치로만 해석했다. 나 자신이나 가까운 누군가가 혹은 내가 지향하는 어떤 대의를 다른 사람이 어떤 특정한 방법으로 상처를 입힐 때, 그리고 그것이 사람들이 일반적으로 생각할 수 있는 불의한 행동이라면, 나는 말로 표현할 수 없을 정도의 고통을 느낀다. '무한대의' 고통으로 표현할 수도 있다. 그리고 그 이후 곧바로 가해자에 대한 연민이 생겨난다. 이런 일을 몇 차례 경험한 이후 내 친구들에게 이를 이야기했는데, 다음과 같은 설명을 듣자 그들은 이 이론이 진실이라 확신했다. 요약하면 다음과 같다.

사람의 신체 구조는 모두 비슷하며 같은 외적인 자극에 노출되어 있어서 비슷한 반응을 나타낸다. 행동도 사회적 규범이나 법률 등에 근거하여 서로 조화를 이룬다. 우리는 수면 위를 이리저리 떠다니는 코르크 조각처럼 환경의 통제를 받는 자동기계다. 하지만 외부 자극에 반응한 결과를 자유의지로 오해한다. 우리가 수행하는 모든 움직임과 행동은 항상 자기보존을 지향하며 타인과 관계하지 않고 완전히 독립적인 사람은 없다. 우리는 모두 보이지 않는 끈으로 연결되어 있다.

생명체가 완벽한 질서를 유지하는 한 외부 환경이 주는 자극에 정확한 방식으로 반응한다. 하지만 한 개체 내부에 어떤 교란이 생기면 자기 보존의 힘에 문제가 발생한다. 물론, 청력을 잃거나 시력이 약화되거나 팔다리를 다치면 자신의 존재를 유지할 확률이 줄어든다는 것은 누구나 이해할 수 있다. 그러나 우리의 두뇌에 어떤 결함이 생겨 자동화 기계의 필수 기능이 소실되면 결국 파괴로 이어질 수 있으며 이것은 더 분명한 사실이다. 내부의 매우 고차원적 메커니즘이 모두 정상적이고 외부환경의 변화에 맞춰 정교하게 행동하는 민감하고 정밀한 존재라면 기계적인 감각을 초월하여 직접적으로 인식하기 어려운 미세한 위험을 벗어날 능력이 있을 것이다. 내부 장기에 큰 문제가 있는 사람을 만난다면 그 감각을 받아 그 자신이 '무한대의' 통증을 느끼게 된다. 이것이 진리인 것은 수백 건의 사례에서 확인할 수 있으며, 나는 이 주제에 관심이 있는 과학자들을 모으고 있다. 함께 체계적으로 연구하면 세계에 무한한 가치가 있는 성과물을 얻을 수 있을 것으로 기대한다.

자동기계를 만들려는 생각은 진작부터 했지만 그 실제 작업은 1893년 무선전송에 관한 연구를 시작할 때 본격화되었다. 그 이후 나는 2~3년 동안 원격으로 작동하는 자동화 메커니즘의 여러 가지를 구축하여 내 연구실을 방문한 사람들에게 시연했다. 1896년 나는 다양한 동작을 할 수 있는 기계장치 설계를 끝냈지만 1987년에야 그 결실을 보았다. 이 기계는 《센추리 매거진》 1900년 6월호를 비롯한 당시의 여러 잡지에 그림과 함께 소개되었으며, 1898년 초 그 실물이 처음 등장했을 때는 그 이전까지의 내 어떤 발명들보다도 더 큰 반향을 불러왔다. 1898년 11월에 나는 이 신기술에 대한 기초 특허를 취득했다. 내 주장을 믿지 못해 수석특허심사관이 뉴욕에 와서 시연을 직접 본 다음에야 특허가 나왔다. 나중에 워싱턴의 관료에게 전화하여 그 발명을 정부에 제공할 용의가 있다고 말하자 그는 내가 거둔 성과를 설명하는 말에 웃음을 터트릴 뿐이었다. 당시에는 그런 장치를 완성할 수 있으리라고 아무도 짐작조차 하지 않았던 것이다.

내 자문변호사의 조언에 따라 나는 이 특허에 대한 설명에서 단일회로와 잘 알려진 형태의 감지기를 통해 제어가 이루어진다고 기술한 것은 불운이었다. 개별화 방법론과 그 장치에 대해 특허 보호를 아직 확보하지 못한 것이 그 이유였다. 사실 나의 무선조정 보트에는 여러 개의 회로가 함께 작동하고 모든 유형의 혼신이 차단되는 구조였다. 나는 통상 루프 형식으로 수신회로를 장착했고, 여기에는 축전기도 포함되었는데, 고전압 전송기의 방전은 실내 공기를 이온화시켜서 작은 안테나라도 주위 대기에서 몇 시간 동안 전기를 끌어내기 때문이었다.

한 가지 예를 들어 설명하면, 직경 30센티미터인 진공상태의 전구가 있고 그 하나의 전극에 짧은 전선을 연결하면 연구소 내 공기의 모든 전하가 중화될 때까지 연속적으로 1000회 정도의 섬광을 내뿜는다. 루프 형태의 수신기는 그와 같은 교란에 민감하지 않으며 최근에는 그와 같은 형태의 수신기를 널리 사용하고 있다는 사실에 주목해야 한다. 실제로 이런 형태는 지중선이나 안테나보다 받아들이는 에너지가 훨씬 적다. 하지만 이것은 현재의 무선 장치에 내재된 여러 결함이 없는 장점이 있다.

사람들 앞에서 발명품을 시연하면서 그들에게 어떤 질문이든 하라고 하면 자동기계가 신호로 대답을 해주었다. 당시 이것은 마술처럼 보였지만 극히 간단한 방법이다. 내가 자동기계를 조종하여 응답한 것이었다. 그 당시 나는 좀 더 큰 원격자동 보트 한 척을 더 만들어서 1919년《실험전기학》10월호에 그 사진을 게재한 적이 있다. 이것은 선체에 여러 번 감긴 루프 안테나로 제어하는데, 완전한 방수기능이 있어 물에 잠겨도 작동되었다. 그 장치는 첫번째 장치와 비슷했지만 백열등이 탑재되어 기계가 적절하게 작동하고 있다는 시각적 증거를 제시하는 기능 등 몇 가지가 달랐다. 작동자는 이러한 자동기계를 보이는 한계 내에서 제어하였지만, 이것은 내가 알기로는 원격자동기계 기술 발전의 첫걸음이었다.

그다음 논리적 발전은 제어 중심으로부터 시야 범위 제한을 넘어 먼 거리에서도 자동기계 메커니즘을 적용하는 것이었는데, 나는 일찍이 전쟁에서 이 장치를 총보다 중요한 무기로 사용할 수 있다고 주장해왔다. 언론에서는 이 기술이 새롭고 특별하다는 정도로만 인식하고 이 신기술의 뛰어난 장점에 대해서는 제대로 다루지 못했다. 아직 완벽한 방법은 아니지만 기존의 무선통신 기지국에서 항공기를 이륙시켜서 일정한 항로를 날게 할 수 있으며, 수백 킬로미터 떨어진 거리에서도 일정한 조작을 할 수 있다. 이런 유형의 기계를 제어하는 방법은 여러 가지가 있지만 전쟁에서 특히 유용하다. 그러나 내가 알기로는 이러한 기술을 이용해 그러한 목적을 정밀하게 수행할 장치는 아직 없다. 나는 긴 시간 동안 이 문제를 연구하며 실현할 수 있는 여러 수단을 개발했다.

전에도 여러 차례 말했듯이, 대학을 다닐 때 현재의 항공기와는 크게 다른 비행기계에 대해 생각했다. 그 근본 원리는 옳았지만 추진력에 충분한 동력이 필요했기 때문에 당시에는 실현될 수 없었다. 최근에 나는 이 문제를 성공적으로 해결하여 날개나 보조날개, 프로펠러 그리고 다른 외부 장착물이 없는 항공기계를 기획하고 있다. 빠른 속도로 날 수 있으며 가까운 장래에 평화를 위한 유력한 도구로 사용될 것이다. 이 기계는 반작용만으로 떠올라 추진되어 날아가는데 직접 기계적으로 혹은 무선 에너지로 제어할 수 있을 것이다. 즉, 적절한 시설만 설치하면 이런 형태의 미사일을 쏘아올려서 수천 킬로미터 떨어진 목표물에 명중시키는 것이 가능하다. 그 거리는 제한 없이 확장할 수 있다.

기계의 원격자동제어는 분명히 가능해진다. 기계 자체에 지능이 있는 것처럼 작동하게 된다. 이러한 발전은 혁명을 일으킬 것이다. 나는 이미 1898년에 대형 제조사 대표들에게 자동으로 움직이는 탈것의 제작과 시연을 제안했다. 자체적으로 출발하고 스스로 판단하는 것처럼 다양한 작업을 수행하는 기계다. 그러나 당시의 제안은 허무맹랑한 것으로 취급되어 아무런 성과도 얻지 못했다.

현재 많은 지도자가 나서서 말로만 종료된 이와 같은 참혹한 전쟁의 재발을 막는 방법을 제안하고 있다. 그 참화의 기간과 중요한 이슈에 대해서는 1914년 12월 20일 《더 선》에 발표한 글 속에서 정확하게 예측했다. 제안한 동맹 방법은 해결책이 되지 못하고 오히려 그 반대 결과만 초래했다. 징벌적 정책을 평화의 수단으로 채택한 것은 매우 유감이다. 그 이후 각국이 군대나 총 혹은 전함 없이도 전쟁을 할 수 있고, 훨씬 더 파괴적이고 범위도 무제한적인 무기를 사용하기 때문이다. 적으로부터 멀리 떨어진 도시도 파괴될 수 있으며, 지구상의 어떤 힘도 이런 파괴 행위를 멈추게 할 수 없다. 눈앞에 닥친 참화를 피하고 싶다면, 그리고 지구를 지옥으로 변하지 않게 하려면 비행기계와 에너지 무선전송 개발을 서둘러야 한다. 한순간도 지체하지 말고 국가의 모든 힘과 자원을 총동원해야 한다.

Part 2. 인간 에너지를 어떻게 높일 것인가

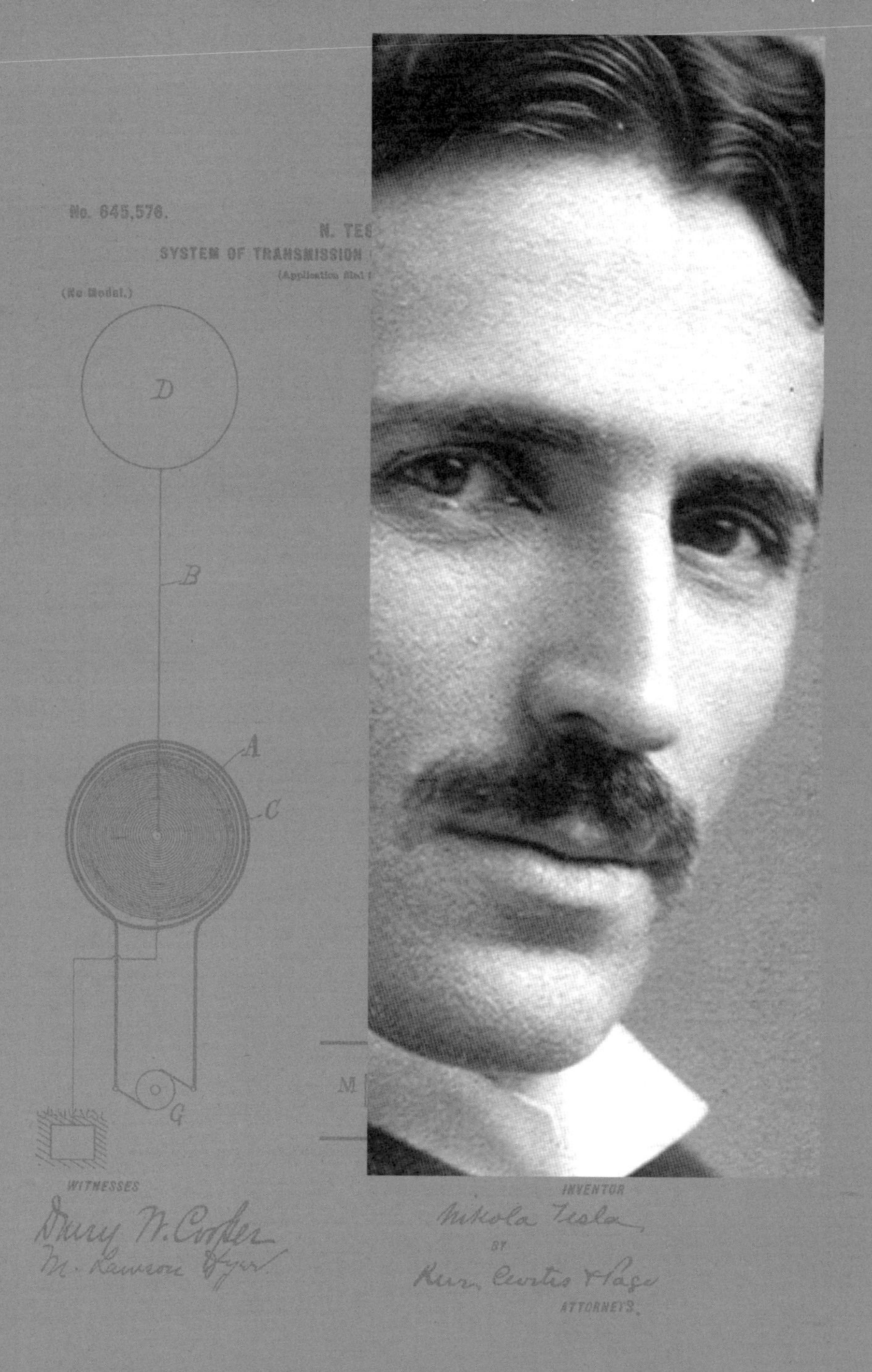

인간 에너지를 어떻게 높일 것인가

| 인간의 운동 - 운동 에너지 - 인간 에너지를 높이는 세 가지 방법

자연에서 벌어지는 모든 현상 가운데 인간의 생명만큼 복잡한 운동은 없다. 그 기원은 영원히 뚫을 수 없는 과거의 먼지더미로 갇혀 있고, 현재의 형태는 무한히 복잡하여 이해가 불가능하다. 그리고 그 종착지는 깊이를 알 수 없는 미래의 심연 속에 숨겨져 있다.

인간이란 무엇이고, 어디에서 왔으며, 또 어디로 가려 하는가? 모든 시대의 현인들이 답을 얻으려 한 질문이다. 현대 과학은 말한다. 태양이 과거이며, 지구가 현대, 그리고 달이 미래다. 우리는 불타는 물질에서 왔으며 얼어붙은 물질로 돌아갈 것이다. 무자비한 자연의 법칙은 우리를 그러한 운명으로 내몰고 있다.

영국의 물리학자 윌리엄 톰슨(William Thomson, 켈빈 경으로 더 알려진 영국의 물리학자이자 화학자로, 톰슨 효과를 발견하고 현재 우리가 사용하는 절대온도 켈빈(K)을 제안했다—옮긴이) 경은 빛나는 태양도 600만 년의 수명이 다하면 더 이상 빛을 내지 않고 식기 시작하고 우리 지구는 얼음덩어리로 변하고 영원히 밤만 이어질 것이라 말하여 인간도 영속하지 않을 것임을 일깨워주었다. 그러나 실망하지는 말자. 어렴풋한 생명의 불꽃이 남아서 먼 곳의 다른 별에서 새로운 불을 피울 기회가 있을 것이다. 이러한 가능성은 실제로 존재한다. 영국의 과학자 제임스 듀어(James Dewar) 교수의 멋진 실험에서 볼 때, 생명이 있는 유기체는 기온이 급격하게 내려가더라도 파괴되지 않으며 별들 사이의 공간을 통과해 이동할 수 있을 것이다.

그러나 과학과 기술의 발전으로 우리의 길이 밝아지고, 비밀이 하나씩 풀리고, 더 많은 즐거움을 누리게 되어, 우리는 인류의 이러한 암울한 미래를 잊을 수 있게 되었다. 우리가 인간의 생명에 대해 이해할 수는 없을지 모르지만 인간의 생명이 어떤 특성을 가지더라도 결국은 하나의 운동이라는 것은 분명하다. 운동에는 필연적으로 움직이는 개체와 그것을 움직이는 힘이 존재한다.

생명이 있는 곳이면 어디에나 힘에 의해 움직이는 질량이 있다. 모든 질량에는 관성이 있으며, 모든 힘은 지속되려 한다. 이러한 보편적 성질과 조건에 따라 개체는 정지해 있거나 움직이는 상태를 그대로 유지하려고 한다. 그리고 힘은 그 원천이나 장소에 관계없이 반대방향의 힘을 만들기 때문에 필연적으로 자연에서 일어나는 모든 운동은 리듬을 띠게 된다.

허버트 스펜서(Herbert Spencer, 별의 생성에서 인간의 도덕적 원리까지 철학과 과학, 종교 등을 종합해 《종합철학체계》를 쓴 영국의 작가—옮긴이)는 오래전에 이와 같이 간단한 진리를 명확히 제시했다. 하지만 그는 약간 다른 추론 과정을 거쳐 이런 결론에 도달했다. 우리가 인식하는 모든 대상에는 이러한 운동이 있다. 밀물과 썰물, 공기의 울렁임, 추의 흔들림, 전류의 진동, 그리고 생명체에서 일어나는 무수히 많은 현상이 대표적이다. 인간의 삶도 그럴까? 태어나서 성장하고 늙어가는 것과 개인, 가족, 민족, 인종 등도 모두 리듬으로 볼 수 있을까? 그래서 인간에게서 볼 수 있는 것과 같이 극단적으로 난해한 생명현상도 운동일 뿐이라면 물리적 우주 전체를 지배하는 일반적인 운동법칙을 적용할 수 있어야 한다.

'그림 1'은 1200만 볼트 발전기의 방전으로 생성된 장면이다. 1초에 10만 번 진동하는 전압이 질소(정상적으로는 안정된 상태에 있다)를 흥분시켜서 산소와 결합하게 만든다. 사진에 불꽃처럼 보이는 방전은 20미터까지 뻗친다. 우리가 인간에 대해 말할 때는 전체적으로 인

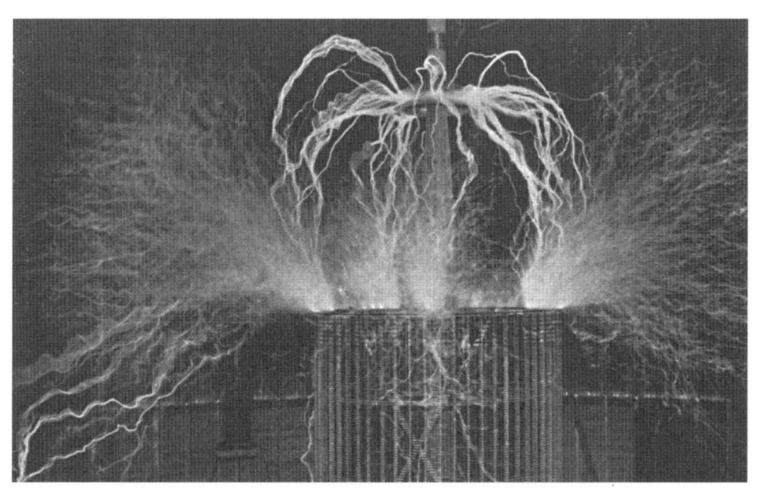

그림 1. 대기 중의 질소 연소('엑스트라 코일' 상단의 금속 링으로부터 방전)

간이 어떤 존재라는 개념이 있다. 따라서 인간의 운동을 탐구할 때 과학적 방법론을 적용하기에 앞서 이것을 물리적 사실로 받아들여야 한다. 모든 인간이 각각 독특한 특성을 가진 별개의 존재라는 점은 부정할 수 없다. 하지만 누구나 자유롭게 생각하고 행동할 수 있지만 우리는 밤하늘의 별처럼 서로 떨어질 수 없이 엮여 있다. 이러한 끈을 볼 수는 없지만 느낄 수는 있다.

손가락에 상처가 나면 통증을 느낀다. 그것은 손가락이 내 일부이기 때문이다. 친구가 상처받는 것을 보면 나 또한 상처를 받는다. 친구와 나는 하나다. 그러나 얻어맞아 쓰러진 적을 보면 문제는 복잡해지지만 최소한 불쌍하다는 마음은 들 것이다. 이것을 우리 각자는 전체의 일부일 뿐이라는 증거로 볼 수는 없을까? 이러한 생각은 오래전부터 종교의 숭고한 가르침이었다. 이것은 사람들 사이에 조화와 평화를 이루는 수단일 뿐만 아니라 뿌리 깊은 진리이기도 하다. 불교와 기독교는 이것을 표현하는 방법만 다를 뿐 모두 동일한 메시지를 전한다. 이러한 생각의 근거는 형이상학적인 것만이 아니다. 과학에서도 분리된 개체들 사이에 연결이 있다고 생각한다. 같은 의미가 아닐 수는 있지만, 예를 들어 별, 태양, 행성, 그리고 달은 하나의 천체(태양계—옮긴이)에 속해 있다고 본다. 그리고 방법론과 도구가 발전하여 언젠가는 정신적이거나 여러 다른 상태와 현상도 더욱 완전하게 파악할 수 있을 것이다.

그리고 또 인류는 계속해서 살아간다. 개인의 삶은 짧고, 민족이나 인종은 사라질 수 있지만 인류는 계속된다. 전체와 개인은 크게 다르다. 그리고 아주 약한 영향이 수많은 시간 동안 쌓여 결과가 나타나는 신비한 유전현상도 이것으로 일부 설명할 수 있다. 이와 같은 운동은 실제로 장소가 바뀌는 이동이 일어나는 것은 아니지만 역학적 운동의 일반법칙을 적용하고 이러한 질량과 관련된 에너지도 측정할 수 있다. 질량(m)에 속도(v) 제곱을 곱하여 2로 나누는 유명한 공식이다($E=\frac{1}{2}mv^2$).

예를 들어, 정지 상태의 포탄에는 열의 형태로 특정한 양의 에너지를 포함하는데 다양한 방법으로 이 에너지를 측정할 수 있다. 수많은 미세입자로 구성된 포탄을 생각하자. 원자 혹은 분자라 부르는 이러한 미세입자들은 서로의 주위를 돌거나 진동한다. 이들의 질량과 속도를 측정하여 이러한 작은 시스템 각각이 가진 에너지를 계산하고 그 값을 모두 합치면 포탄의 전체 열에너지가 결정된다. 정지 상태로 보이는 포탄에 이러한 에너지가 들어 있는 것이다. 이렇게 이론적으로 에너지를 추정할 때는 전체 질량의 절반, 즉 모든 미세 질량을 합하여 2로 나눈 값을 각각의 미세입자에서 측정한 속도의 제곱을 곱한다. 이와 비슷한 방법으로 우리는 인간 에너지를 생각할 수 있다. 인간의 질량에 속도의 제곱을 곱하는 것이다. 물론 인간의 속도는 아직 측정할 수 없다. 그러나 이 값을 모른다고 해서 내가 끌어내려는 추론의 진실성이 훼손되지는 않는다. 이러한 질량과 힘의 법칙은 자연 전체를 관통하기 때문이다.

그러나 인간은 회전하는 원자와 분자로 구성되고 단지 열에너지만을 포함하는 보통의 질량 물질이 아니다. 인간에게는 생명체가 갖는 창조성이라는 사유 과정이 있으며 이것은 질적으로 높은 차원이다. 인간의 질량은 파도 속의 물이 그렇듯이, 계속해서 서로 바뀌며 새로운 것이 낡은 것을 대체한다. 그리고 인간은 성장하며 자손을 남기고 죽는다. 따라서 인간의 질량 요소는 각각 그 크기와 밀도가 모두 계속해서 변화한다.

인간이 자신의 운동속도를 높이거나 낮출 수 있는 점은 무엇보다 중요한 특징이다. 즉, 다른 물질로부터 에너지를 취하여 이를 자신의 운동 에너지로 전환할 수 있는 신비한 능력이 있다. 그러나 어떤 특정 시점에서는 이렇게 느리게 진행되는 변화를 무시하고 인간의 질량에 가상의 어떤 속도 제곱을 곱하여 인간의 에너지를 계산할 수 있을 것이다. 이러한 속도를 어떤 방식으로 어떤 단위를 적용하여 측정하든 우리는 다음과 같은 결론에 도달해야 한다. 즉, 이렇게 정의한 에너지를 증가시키는 것이 과학의 가장 중요한 과제라는 것이다.

오래전 이 문제를 깊이 파고든 윌리엄 드레이퍼(John William Draper, 미국의 과학자, 철학자, 의사, 화학자, 역사가 및 사진가—옮긴이)가 《유럽 지성의 발전사*History of the Intellectual Development of Europe*》에서 인간의 운동에 대해 생생히 서술했듯이 이렇게 영구적인 문제를 해결하는 것이 과학자에게 가장 중요한 과제가 되어야 한다고 생각한다. 이러한 과제와 관련해 내가 연구하여 얻어낸 결과를 여기에 간단히 소개한다.

'그림 2'에서 M은 인간의 질량을 나타낸다. 질량에 힘 f를 가하면 질량이 그 방향으로 움직이는데 마찰력과 정확히 반대방향으로 작용하는 힘인 R의 저항을 받아 움직임이 느려진다. 모든 운동에는 이와 같이 서로 반대되는 힘이 존재하기 때문에 항상 고려해야 한다. 이러한 두 힘의 차이가 질량 M을 속도 V로 힘 f가 작용하는 방향으로 밀어주는 효과를 발생시키는 힘이다. 이와 마찬가지로, 인간 에너지도 질량과 속도의 곱, $\frac{1}{2}MV^2 = \frac{1}{2}MV \times V$로 나타낼 수 있다. 여기서 M은 인간 전체의 질량이며, V는 어떤 가상의 속도인데 현재의 과학 수준에서는 정확히 정의하거나 측정할 수 없다.

그러므로 인간 에너지를 증가시키려면 곱셈으로 주어지는 이러한 값을 높여야 하는데, 그림에서 보듯이 세 가지 방법이 있다. 그림의 가장 위에 제시된 첫번째 방법은 다른 두 반대 방향의 힘을 동일하게 유지하며 질량을 늘리는(점선으로 표시) 것이다. 두번째 방법은 저

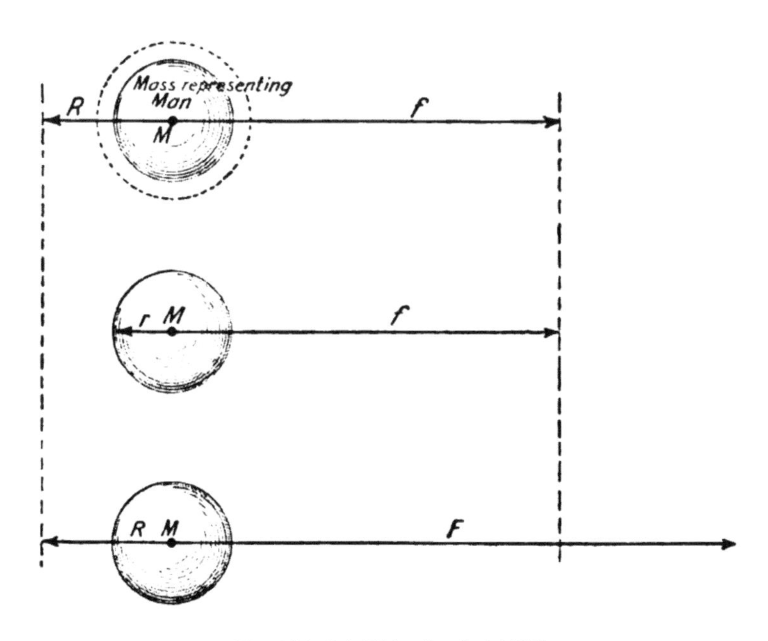

그림 2. 인류 에너지를 높이는 세 가지 방법

항력 R을 더 작은 값인 r로 줄이면서 미는 힘은 그대로 유지한다. 중간 그림이다. 아래의 그림으로 제시된 세번째 방법은 미는 힘 f를 더 높은 값 F로 증가시키고 저항력 R은 변하지 않는다. 질량을 증가시키거나 저항력을 줄이는 방법에는 분명한 한계가 있지만 미는 힘은 무한히 증가시킬 수 있다.

이러한 세 가지 해결책 각각은 인간 에너지의 증대라는 과제의 각기 다른 측면을 나타내는 것으로 이렇게 세 가지 측면에서 과제를 생각하기로 한다.

| 첫번째 과제: 인간 질량을 늘리는 방법 – 대기 중의 질소를 연소시키기

인류의 질량을 늘리는 방법은 두 가지 방향에서 접근할 수 있다. 첫째, 질량을 증가시키는 경향이 있는 힘이나 조건을 강화하고 유지한다. 둘째, 질량을 감소시키는 경향이 있는 힘이나 조건을 막거나 억제한다. 건강에 대한 관심, 충분한 식사와 절제, 규칙적 습관, 결혼 장려, 사려 깊은 육아 등은 질량이 증가하며, 종교의 가르침과 위생 규칙 등을 준수하는 것도 질량을 늘리는 방법이다.

그러나 기존의 질량에 새로운 질량을 추가할 때는 세 가지 경우가 생긴다. 추가하는 질량의 속도가 기존 질량의 속도와 같거나 빠르거나 느릴 경우다. 이러한 경우들 각각의 상대적 중요성을 생각하기 위해 100량짜리 기차가 궤도 위를 달리는 상황을 상상하자. 이렇게 움직이는 질량의 에너지를 증가시키기 위해 동일한 속도의 열차 4량을 추가하면 전체 에너지가 4퍼센트 증가한다. 그러나 추가하는 열차가 절반의 속도라면 전체 에너지 증가는 1퍼센트에 불과하고, 두 배 속도의 기관차를 추가한다면 16퍼센트 증가한다.

이 간단한 사례에서 더 빠른 속도의 질량을 추가하는 것이 매우 중요함을 알 수 있다. 말하자면 아이들이 부모와 같은 정도로 똑똑하다면(즉, '동일한 속도'라면) 에너지는 추가되는 아이의 수에 단순 비례하여 증가할 것이다. 아이들이 부모보다 똑똑함이나 발달 정도가 떨어진다면, 즉 '느린 속도'라면 에너지는 약간만 증가할 뿐이지만 아이들이 부모보다 더 발달하여, 즉 '빠른 속도'라면 이 새로운 세대가 인간 에너지의 총합을 크게 높일 것이다. '건강한 정신을 가진 건강한 육체'의 최저 요건에도 못 미치는 정도의 '느린 속도'의 질량을 더하는 것은 강력히 억제해야 한다. 예를 들어 우리 주위에서 가끔 보듯이, 단순히 근육만 키우는 것은 '느린 속도'의 질량을 더하는 행위에 해당하기에 권할 것이 못 된다. 하지만 나도 학생 때는 이와 다른 관점이었다. 적절한 운동과 더불어 육체와 정신의 균형을 유지하며 효율성을 최대로 하는 것이 가장 기본이다.

이러한 예에서 알 수 있듯이, 최선의 결과를 얻으려면 새로 추가하는 질량의 '속도'를 증가해야 한다. 즉, 교육이 중요하다. 반대로 종교의 가르침이나 위생 규칙 등을 위반하는 모든 행위는 질량을 감소한다. 위스키, 와인, 차와 커피, 담배 같은 자극제는 생명을 단축시킬 수도 있으므로 절제하며 이용해야 한다. 그러나 나는 많은 세대에 걸친 습관을 지나치게 엄격히 억제해야 한다고는 생각하지 않는다. 금욕보다는 절제가 더 현명한 방법이다. 우리는 이와 같은 자극제에 이미 익숙하기 때문에 그와 같은 개선은 서서히 점진적으로 해야 한다. 이러한 목표에 자신의 에너지를 쏟고 있는 사람들은 다른 방향으로 노력을 기울이는 것이 더 좋으리라 생각한다. 예를 들어 깨끗한 물을 공급하는 활동 등이다.

자극제를 이용해서 몸을 망친 사람보다는 오염된 물을 마셔 사망한 사람이 훨씬 많다. 물은 우리에게 매일 생명을 주는 소중한 존재지만 오염되었다면 질병이나 사망에 이르게 할 수도 있는 중요한 매개체이기도 하다. 물로 전염되는 치명적인 세균을 인식하지 못한다면 대재앙이 닥칠 수 있다. 이것은 우리의 생활 속에 숨어서 죽음을 준비한다. 사람들은 대부분 별 생각 없이 물을 마시기 때문에 이러한 재앙이 언제든 닥칠 수 있다. 그러므로 이러한 문제를 인식하고 개선하려는 사람은 그 위험을 알리고 사람들을 깨우쳐야 한다.

음용수를 체계적으로 정화하고 멸균 처리하면 인간의 질량은 크게 증가할 것이다. 그리고 모든 가정과 공공장소에서 끓이거나 살균 처리한 음용수를 사용하도록 법률을 제정해야 한다. 필터로 거르는 방법만으로는 감염을 차단하지 못한다. 식용 얼음도 완전히 멸균 처리한 물로 만들어야 한다. 모두 병을 일으키는 원인균을 없애는 것이 중요하다고 생각하면서도 대량의 물을 멸균 처리하는 방법을 아직도 도입하지 않고 있는 상황에서 볼 수 있듯이, 기존의 상태를 개선하려는 노력을 거의 시행하지 않고 있다. 현재 적은 비용으로 오존을 대량으로 생산할 수 있는 전기 장비를 개발 중에 있는데, 이것은 이상적 살균시스템이며, 인간 질량 증가를 위해 중요한 과제 한 가지를 원만하게 해결하는 방법이다.

도박이나 과도한 업무, 흥분, 특히 주식시세에 일희일비하는 태도 등은 모두 질량 감소의 원인이며 이러한 것에 개인이 과도한 가치를 부여하면 더욱 그렇게 된다. 질병의 증상을 조기에 인식하지 못하거나 무시하는 행위는 사망의 주요 원인이 된다. 다가오는 위험의 모든 신호를 주의 깊게 살피고 피해가려면 생활이나 노동 과정에서 위생 규칙을 충실히 따라야 할 뿐만 아니라 도덕적 자세도 높게 유지해야 한다.

모든 사람은 자신의 신체를 무엇보다 가장 사랑해야 할 소중한 선물로 생각해야 한다. 자신의 몸을 표현할 수 없을 만큼 아름다운 예술작품처럼 다루어야 한다. 한마디의 실언이나 생각, 호흡, 시선, 부정 등으로도 무너질 정도로 약하기 때문이다. 청결하지 않으면 질병과 사망으로 이어지는 등 스스로를 위험한 상태로 내몰 뿐만 아니라 그 자체도 매우 비도덕적인 습관이다. 자신의 신체를 병균으로부터 보호하여 건강하고 청결하게 유지해야 하는 이유는 우리에게 몸이라는 고귀한 선물을 주신 신에게 경의를 표시하는 방법이기도 하기 때문이다. 그래서 위생 개념을 충실히 지키는 사람이어야 진정한 종교인이라 부를 수 있다. 도덕이 느슨해지면 무서운 결과를 초래한다. 신체와 정신이 오염되어서 인간의 질량을 크게 감소시킨다.

현재의 여러 관습이나 유행도 이와 비슷하게 유해한 결과를 초래한다. 예를 들어, 여성의 사회참여와 현대 교육 기회가 확대되면서 가사노동에서 여성이 해방되고 남성의 그늘에서 벗어나고 있다. 하지만 이러한 경향은 현재의 사회적 이념과 충돌을 빚을 수 있다. 따라서 그들의 창조력이 위축되고 출산력도 낮아져 인류가 전체적으로 쇠퇴할 수 있다.

여러 문제를 지적할 수도 있지만 포괄적으로 보면 빈곤과 결핍 그리고 기아의 문제가 가장 심각하다. 식량이 부족해 수백만 명이 굶어 죽어 인간 질량이 감소하고 있다. 현재처럼 발달한 사회에서도 그리고 수많은 자선 활동을 벌이고 있는데도 빈곤과 기아는 여전히 가장 중요한 문제로 남아 있다. 나는 식량의 절대적 부족만이 아닌 건강에 필요한 영양의 부족에 대해 말하는 것이다.

오늘날 가장 중요한 과제는 좋은 식품을 충분히 공급하는 것이다. 일반적으로 볼 때 식품 공급을 위해 가축을 사육하는 일은 권상하지 않는다. 앞에서 설명한 바와 같이 '느린 속도'의 질량을 추가하는 것에 해당하기 때문이다. 그보다는 채소 재배가 더 좋다고 생각한다. 그러므로 기존의 야만스러운 습관에서 벗어나는 채식주의를 권한다. 우리가 식물성 음식만 먹고도 살아가고 일할 수 있다는 것은 이론이 아니라 실제로 입증된 사실이다. 많은 민족이 채식만 하면서도 건강한 신체와 체력을 유지한다. 예를 들어, 오트밀 같은 식물성 음식은 육류보다 더 경제적이며, 신체적 · 정신적 건강에서도 훨씬 우수하다. 그리고 이러한 식품은 소화기관에도 부담이 적고 신체를 편안하고 조화롭게 만드는 등 많은 장점이 있다.

이러한 관점에서 우리는 동물을 무분별하게 도살하는 것을 멈추어야 한다. 도살은 인간의 도덕을 분명히 붕괴시킬 것이기 때문이다. 사람이 동물적 본능이나 욕구에서 벗어나려면 인류가 탄생한 기원에서 시작해야 한다. 식단을 근본적으로 개혁해야 하는 것이다. 현재 우리는 먹거리에 대한 철학이 없다. 별도의 영양을 공급받지 않고 생명기능 수행에 필요한 모든 에너지를 주위 환경에서 얻어서 살아가는 유기체를 생각해보자.

결정(結晶)을 보면 생명의 원리가 존재한다는 사실을 분명히 알 수 있다. 우리가 결정체의 생명을 이해할 수는 없어도 살아 있는 것이 아니라 말할 수는 없다. 결정 외에도 가스 성분과 같이 더 희박한 물질로 구성된 생명체도 존재할 수 있다. 이러한 가능성의 관점에서 일반적으로 생각하는 존재 조건에 적합하지 않다는 이유만으로 그와 같은 생명체의 존재를 딱 잘라 부정할 수는 없다. 그보다는 지구에서 우리 세계 속에 지금 그러한 생명체가 있다고 보는 것이 더 타당할 것이다. 단지 우리가 인식하지 못할 뿐이다.

인류 질량 증대를 위해 인공식품 생산이 하나의 수단으로 자연스럽게 부각될 수 있다. 하지만 나는 이러한 방법으로 영양을 공급하려는 시도를 합리적이라고 생각하지 않는다. 최소한 현재까지는 그렇다. 그와 같은 식품을 먹으면서 인류가 번영을 누릴 수 있을지는 의문이다. 인류는 지속적으로 적응한 결과 오늘에 이르렀으며 예상하지 못하거나 재앙으로 이어질 수 있는 급격한 변화는 가능하지 않다. 그와 같이 불확실한 실험을 시도해서도 안 된다. 현재 내 생각으로는 파괴를 피하면서도 가장 좋은 방법은 토양의 생산성을 증가시키는 것이다. 이러한 목표를 달성하려면 삼림 보존이 무엇보다 중요한데 이와 관련해서, 수력으로 전기를 생산하면 목재를 태울 필요가 없고 따라서 삼림도 보존할 수 있으므로 적극 추천한다. 그러나 이 방법만으로는 한계가 있다. 토양의 생산성을 높이려면 다른 어떤 인위적 수단을 강구해야 한다. 그러므로 식품 생산의 문제는 토양을 비옥하게 하는 방법으로 귀결될 수 있다. 토양이 생성된 기원은 아직 불확실하다. 그 기원에 대한 설명은 생명 그 자체의 기원에 대한 설명이 될 수도 있다.

바위가 습기나 열, 바람 등의 영향을 받아 분해되지만 그 자체만으로는 생명이 유지되지 않는다. 어떤 설명 불가능한 조건이 나타나고 새로운 원리가 영향을 미치기 시작한다. 그리고 이끼와 같은 하등 생명체를 품을 수 있는 첫번째 층이 형성된다. 이들의 삶과 죽음은 토양에 생명 유지력을 더해주고 더 발달한 생명체도 토양에서 살게 된다. 이 과정이 계속되면서 마침내 토양은 고등식물과 동물을 먹여 살릴 수 있게 된다. 그러나 토양을 비옥하게 만드는 방법에 대한 견해는 다양하지만 토양이 생명을 무한정 유지해줄 수 없다는 사실은 분명하다. 식물이 성장하며 토양에서 빨아들인 물질을 토양으로 다시 공급하는 방법을 찾아야만 한다. 이러한 물질들 중에서 질소화합물이 가장 가치 있는데 이 물질을 경제성이 있는 낮은 비용으로 생산하는 기술의 확보가 모든 식량문제 해결의 핵심이다. 지구에는 무한정의 질소가 있다. 이를 산화하여 질소화합물을 생산할 수 있다면 인류가 얻을 혜택은 상상할 수 없을 정도로 클 것이다.

이런 생각은 오래전에 과학자들의 상상력을 크게 자극했지만 결과를 도출할 효율적 수단을 만들지는 못했다. 이 문제는 매우 어려운데 왜냐하면 질소는 산소와 결합하지 않을 정도로 매우 안정한 특성이 있기 때문이다. 그러나 이제 전기의 도움을 받을 수 있다. 원소의 결합력이 잠자는 상태여도 적당한 전류를 가하면 깨울 수 있기 때문이다. 수 세기 동안 산소에 접촉하면서도 불타지 않고 있는 많은 석탄 덩어리도 일단 불이 붙으면 산소와 결합하듯이, 전기가 질소를 흥분 상태로 만들면 불탈 것이다. 하지만 나는 최근까지만 해도 대기 중의 질소를 흥분시킬 수 있을 정도의 전기적 방전을 만들지 못했다.

그러나 1891년 5월에 나는 한 과학 강연에서 '성 엘모의 불(St. Elmo's fire)'이라 이름을 붙인 새로운 형태의 전기불꽃(방전)을 시연해 보였다. 그것은 오존을 대량으로 생성할 뿐 아니라 당시 내가 지적했듯이 화학적 결합력을 흥분시키는 특성이 있었다. 그때의 불꽃(방전)은 길이가 8~10센티미터 정도에 불과하고 화학적 작용은 매우 미약했기 때문에 질소를 산화시키기에는 역부족이었다.

이러한 작용을 강화하는 방법은 아직 알지 못한다. 질소가 더 효율적으로 연소하도록 매개하는 특정 유형의 전류가 필요하다. 극단적으로 높은 주파수의 전류를 사용하여 방전의 화학적 작용력을 크게 높일 수 있던 것은 이와 관련한 첫번째 발전이었다. 이것은 중요한 의미가 있지만 실용성을 고려할 때 이러한 방향은 곧 분명한 한계에 부딪혔다. 두번째 연구는 전류의 전압이나 파형 등을 변화시켜 그 효과를 관찰하는 것이었다. 그다음에는 대기의 압력과 온도 그리고 수분이나 다른 어떤 물질의 존재가 주는 영향을 연구하여 방전이 가장 강력한 화학적 작용을 일으키는 최적의 조건을 찾았다. 이렇게 연소의 효율성을 최대로 하는 방법을 하나씩 찾아나갔다. 일반적으로 발전은 한 번에 되는 것이 아니라 조금씩 나아간다. 나도 그렇게 해왔다. 불꽃은 점차 커졌으며 방전 불꽃의 산화작용도 강해졌다. 별 의미 없는 몇 센티미터 길이의 브러시 방전에서 대기 중 질소를 마구 먹어치우는 18~21미터 길이의 마법 같은 전기현상으로 발전했다. 이처럼 거의 인지하지 못할 정도로 서서히 가능성이 현실로 되는 것이다.

아직 갈 길이 멀다. 하지만 나의 노력은 차츰 결실을 보고 있다. '그림 1'을 보면 이해하는 데 도움이 될 것이다. 불꽃 모양의 방전이 관찰되는데 코일을 통과한 강력한 전기진동의 영향으로 공기 속의 전하를 띤 분자들이 고도의 흥분 상태가 되면서 발생한 것이다. 이와 같은 방법으로 정상적으로는 대기 중에 별개로 존재하는 두 분자들 사이에 강력한 친화력을 생성하여 서로 결합하게 한다. 그리고 방전으로 화학적 작용의 강화가 일어나지 않아도 가능하다. 이 방법으로 질소화합물을 만들 때는 물론, 이러한 화학작용과 반응의 효율성을 강화할 수 있는 가능한 모든 방법을 동원해야 하며 생성된 화합물은 대부분 불안정하고 질소는 금방 비활성 상태가 되기 때문에 고정 처리할 수단도 필요하다. 수증기가 화합물을 영구적으로 고정하는 간단하고 효과적인 도구가 될 수 있다.

그림에서 제시된 결과는 대기 중 질소를 무한정으로 산화시키는 것이 현실적으로 가능함을 보여주는데, 저비용의 기계적 힘과 간단한 전기장치만 사용하면 된다. 이런 방식으로 전 세계에서 많은 질소화합물을 값싸게 원하는 만큼 생산하고 이러한 화합물을 이용해서 토양을 비옥하게 만들어 생산성을 높이게 된다. 따라서 인공식품이 아닌 우리가 항상 접하는 건강한 식품을 값싸고 풍부하게 얻을 수 있다. 이와 같이 새롭고 무한정한 식품 공급원은 인류에게 헤아릴 수 없는 도움을 주어 인간 질량 증대에 큰 기여를 할 것이다. 따라서 인간 에너지를 크게 늘리는 효과를 나타낸다. 나는 철강 산업 다음으로 중요한 이러한 산업이 우리 세계에서 조만간 태동하리라 생각한다.

| 두번째 과제: 인간 질량의 속도를 지체시키는 힘을 어떻게 줄일 것인가 – 원격자동기계 기술

앞에서 언급했듯이 인간이 앞으로 나가는 운동을 지체시키는 힘에는 마찰과 부정적 힘이 있다. 이러한 힘을 쉽게 설명하기 위해 무지, 어리석음, 무능에 해당하는 것을 특정한 방향성이 없는 저항, 즉 순수 마찰력이라 부르자. 반면에 특정한 방향을 갖는 몽상이나 광기, 자기파괴 경향, 종교적 광신 같은 모든 부정적 특성은 특정한 방향성이 있다.

이처럼 지체시키는 여러 힘을 모두 극복하거나 줄이려면 완전히 다른 방법을 채택해야 한다. 예를 들어, 광신자의 행동에는 예방적 수단을 사용하여 깨우치고 확신을 주며, 방향을 악이 아닌 선을 향하도록 바로잡아줄 수 있다. 하지만 무지하고 절대 알지 못해 짐승처럼 행동하는 사람은 영혼이 없고 정지된 질량처럼 다루어 속박에서 해방시켜야 한다. 부정적 힘은 언제나 어느 정도의 질이 확보되어 있는데 어떤 경우에는 나쁜 방향일지라도 수준이 높아서 좋은 방향으로 바꾸면 도움이 될 수 있다. 하지만 방향성이 없는 마찰력은 어쩔 수 없는 손실을 동반한다.

분명히 이러한 질문에 대해 일반적이고 처음으로 나오는 대답은 다음과 같다. 모든 부정적 힘을 올바른 방향으로 돌리고 마찰력을 감소시켜라. 마찰이 일으키는 저항 중 인간의 운동을 가장 지체시키는 힘은 무지(無知)라 단언한다. 위대한 현자인 부처는 이렇게 말했다.

"무지는 세계에서 가장 큰 악이다."

무지로부터 마찰이 발생하고, 사용하는 언어가 다르고, 민족이 달라 마찰은 증가한다. 그러므로 마찰을 줄이는 유일한 방법은 인류가 가진 여러 가지 이질적 요소를 통합하고 지식을 보급하는 것이다. 그보다 중요한 것은 없다. 하지만 과거에는 무지가 인간의 발전 움직임을 지체시켰을지라도 현재에는 부정적 힘이 더 큰 중요성을 가지게 되었다.

전쟁: 부정적 힘

이러한 부정적 힘들 중 무엇보다 가장 강력한 것은 전쟁이다. 신체적 · 정신적으로 매우 우수한 수백만의 사람들, 즉 인류애의 꽃이라

할 수 있는 사람들이, 정지되고 비생산적인 삶으로 내몰리고 군대와 무기를 유지하는 데 엄청난 금액의 돈을 쏟아붓는다. 그렇게 많은 인간 에너지가 무기생산과 파괴라는 무익한 행위에 지출되었다. 전쟁이라는 최악의 상황이 닥치면 인류의 생명이 소실되고 영혼은 잔혹해진다. 인류에게 측정할 수 없을 정도로 큰 손실이다.

이러한 거대 악에 대항해서 어떻게 싸워야 할까? 법과 질서를 유지하려면 조직된 힘이 필요하다. 사회에는 규율이 있어야 존재하고 번성한다. 모든 국가는 방어할 수 있어야 하며 그러기 위해서는 무력을 보유해야 한다. 현재는 과거가 쌓여 만들어지지만 오늘의 급격한 변화가 곧바로 내일의 성과로 이어지는 것은 아니다. 각국이 동시에 무장을 해제한다면 전쟁 자체보다 더 나쁜 결과로 이어질 수도 있다. 세계 평화는 아름다운 꿈이지만 단번에 실현될 수는 없다. 우리는 최근 세계적인 영향력이 있는 사람이 평화를 위해 아무리 열심히 노력하더라도 실질적 효과는 없다는 사실을 보았다. 그리고 세계 평화의 정착은 당분간 물리적으로 불가능하다. 전쟁은 부정적 힘이며 어떤 중간 단계를 거치지 않으면 긍정적 방향으로 방향을 바꿀 수 없다. 한 방향으로 회전하는 수레바퀴를 느리지도 멈추지도 않고 다시 반대방향으로 회전하도록 가속하는 것과 같은 문제다.

파괴력이 엄청난 무기를 만들면 전쟁을 막을 수 있다고 주장하는 사람이 있다. 나도 오랫동안 그렇게 생각했다. 하지만 지금은 그것이 잘못된 생각이라 믿는다. 왜냐하면 무기의 발전은 전쟁의 형태를 변화시킬 수는 있지만 전쟁을 막지는 못하기 때문이다. 이와 같은 방향에서 새로운 시도나 신무기는 또 다른 신무기 개발을 유인하는 동기가 되어 더 가공할 무기 발전의 매개가 될 뿐이다. 화약 발명이 대표적 예다. 아마 이보다 더 전쟁에 혁명적 영향을 끼친 사례는 없을 것이다.

우리가 그 시대에 산다고 생각해보자. 우리는 전쟁이 이제 사라질 것이라고 생각하지 않을까? 그때까지 매우 중요했던 육체적 강건함이나 기술이 상대적으로 별 의미가 없고 기사의 갑옷은 애물단지나 마찬가지로 취급받는 상황이 되었다. 하지만 화약은 전쟁을 막지 못했다. 오히려 그 반대였다. 전쟁을 일으키는 강력한 요인으로 작용했다. 나는 전쟁이 벌어지는 상황과 비슷한 조건이 현재에도 존재하는 한 과학이나 이념의 어떠한 발전으로도 전쟁을 막을 수 있다고 믿지 않는다. 전쟁 그 자체가 하나의 과학이 되었고 인간이 가질 수 있는 가장 고귀한 희생정신까지도 전쟁의 일부가 되기 때문이다. 사실, 숭고한 이념을 위해 싸울 마음이 없는 사람이 다른 어떤 것에 선한 모습을 보일 수 있을지 의심스럽다. 정신이 있어서 사람이 아니며 육체가 있어서 사람인 것도 아니다. 사람은 정신과 육체가 함께하는 존재다. 힘과 물질이 그렇듯이 인간의 도덕성과 약점은 분리할 수 없다. 분리되면 더 이상 인간이 아니다.

상당한 설득력이 있는 다른 주장도 종종 제기된다. 방어수단이 공격수단을 훨씬 능가하면 전쟁이 불가능하다는 것이다. 하지만 이것은 건설보다 파괴가 더 쉽다는 명제로 표현되는 기본적 법칙에 대비된다. 이 법칙은 인간의 역량과 조건을 규정한다. 만약 건설이 파괴보다 더 쉽다고 한다면 인간은 주저 없이 창조와 무제한적인 축적에 나설 것이다. 그러나 이 지구상에서 그와 같은 조건은 가능하지 않다. 이렇게 할 수 있는 존재는 인간이 아니다. 신이라면 그렇게 할지 모른다. 방어는 언제나 공격보다 유리하다. 그러나 나는 이것만으로는 전쟁을 절대로 멈출 수 없다고 생각한다.

새로운 방어 전략을 이용하여 항만을 난공불락으로 만들 수 있지만 넓은 바다에서 군함 두 척이 서로 싸우지 못하게 막을 수는 없다. 그리고 극단적으로 생각하면 공격과 방어가 서로 정반대로 엮이면 인류에게 좋을 것이라는 결론에 이를 수 있다. 모든 국가가, 아주 영세한 국가라도 절대적으로 뚫을 수 없는 장벽으로 자신을 둘러싼 채 나머지 세계에 대항할 수 있는데 이것은 인간의 진보에 극히 좋지 않은 상태다. 민족과 국가를 분리하는 문명은 모든 장벽이 없어진 환경에서 가장 발달할 수 있다.

비행-기계가 등장하면 세계 평화가 이루어질 수밖에 없다고 주장하는 사람도 있다. 그러나 나는 이 주장 역시 전적으로 잘못된 관점이라 생각한다. 비행-기계는 분명히 그리고 곧 등장한다. 하지만 상황은 달라지지 않을 것이다. 사실, 영국과 같은 거대 지배세력이 바다를 장악한 것처럼 공중을 지배하지 못할 이유가 없다. 나는 예언자가 아니지만 앞으로 우리는 '공군'이 창설되는 것을 목격할 것이고 그 중심은 뉴욕에서 멀지 않은 곳에 있을 것이다. 그럼에도 인간은 언제나 그렇듯 전쟁을 벌일 것이다. 전쟁 전략이 이상적으로 발전한다면 최종적으로는 전쟁 에너지 전체를 잠재적이고 폭발력 있는 에너지로 전환시킬 것이다. 축전기 에너지와 같은 형태다. 이렇게 되면 전쟁 에너지를 어렵지 않게 유지할 수 있다. 즉, 양은 최소로 하면서 효율성은 높게 할 것이다.

외국의 침공에 대항하는 안보와 관련하여, 방어는 상대적일 뿐이며 절대적인 것이 아니라는 점을 지적할 필요가 있다. 즉, 군인의 수 혹은 군사력의 크기 등을 모든 국가가 같은 비율로 줄인다면 안보에는 변화가 없이 유지될 것이다. 그러므로 군사력을 최소로 감축하는 국제협약이 필수적이며, 이것은 인간의 발전적 운동을 지체시키는 힘을 줄이기 위한 합리적인 첫 단계다. 다행히 현재와 같은 상황이 무한히 계속되지는 못할 것이다. 새로운 요소들이 나타나기 시작했기 때문이다. 더 낳아지기 위한 변화가 있다. 여기서 나는 국가들 사이에 평화 관계를 형성하기 위한 첫걸음은 어떠해야 하며, 또 궁극적으로 어떤 방법으로 평화를 확립할 수 있을지 내 생각을 말하고자 한다.

힘의 법칙이 지배하던 과거로 돌아가보자. 아직 이성은 빛을 내지 않고 약자는 전적으로 강자의 손아래 놓여 있다. 그러다 이제 약자들이 각자 자신을 방어할 수 있는 방법을 찾기 시작한다. 몽둥이, 돌, 창, 투석기, 활과 화살 등을 이용하고 시간이 지나면서 싸움의 승패를 결정하는 요인으로 육체적 힘 대신에 지혜가 더 중요하다는 것을 안다. 야생의 거친 본능은 좀 더 고상한 감성으로 순화되고, 이런 식으로 수많은 세대를 거치면서 동물적 본능에 따른 야만적 싸움이 오늘날의 이른바 '문명화한 전쟁'으로 변화한다. 이제 싸움 당사자들은 악수를 나누고, 친절한 말을 주고받으며, 담배도 피우면서, 죽음에 이르는 분쟁으로 뛰어들 신호를 기다린다. 인류가 이룩한 위대한 발전의 증거가 이런 것이어야 할까.

그렇다면 이와 같은 진화의 다음 단계는 무엇일까? 아직은 어떤 방법으로도 평화를 이룰 수 없다. 문명의 발전에 따라 자연스럽게 나타날 변화는 전쟁에 참가하는 군인의 수를 계속해서 줄이는 것이 되어야 한다. 전쟁에는 특히 엄청나게 큰 화력을 소수가 작동할 수 있는 무기가 등장할 것이다. 전쟁은 점점 더 최소한의 군인이 개입하는 무기나 전술 위주로 변할 것이며, 그 결과 주로 수기로 움직이거나 속도가 느린 대규모 부대는 폐지될 수밖에 없다. 전쟁 도구는 최대한 빠르고 강력하게 에너지를 발산하는 것이 목표가 된다. 생명 손실은 더 적어지고 결국은 군인의 수가 계속 줄어들어 기계끼리만 부딪히는 전쟁이 되고 사람이 피를 흘리는 일은 없을 것이다. 국민은 웅장하게 벌어지는 전쟁 장면을 단순한 흥밋거리로 지켜볼 뿐이다.

이처럼 행복한 상황이 실현되면 평화는 이루어질 것이다. 그러나 기관총이나 대포, 폭탄, 어뢰 등 무기 혹은 다른 전쟁 도구가 얼마나 큰 폭발력으로 완벽하게 구현되느냐의 문제가 아니다. 그러한 발전으로는 평화로운 세상에 결코 도달할 수 없다. 그와 같은 모든 무기가 작동하려면 사람이 필요하다. 기계시스템에서는 사람이 필수적 부분이다. 죽이고 파괴하는 목적이다. 사람들 사이에 악을 행하는 힘이 똬리를 트는 것이다. 사람들이 전투에서 부딪치면 유혈이 발생하고 유혈은 야만성을 더 강화시킨다. 이러한 호전적 심성을 끊어내려면 근본적인 조치를 단행해야 한다. 완전히 새로운 원칙이 있어야 한다. 과거 전쟁에는 존재하지 않던 원칙이다. 전투가 단순한 구경거리, 놀이, 경연으로 바뀌는 것이다. 피는 흘리지 않는다. 이러한 상황을 만들려면 인간을 전투에서 배제해야 한다. 기계장치끼리 싸워야 한다.

일견 불가능해 보이는 이러한 상황을 어떻게 실현할 것인가? 대답은 아주 간단하다. 인간의 일부처럼 작동하는 기계를 생산하면 된다. 이것은 레버나 축, 기어, 휠, 클러치 등으로 구성되는 단순한 기계구조가 아니라 고차원적 사고가 가능한 기계다. 지능과 경험, 판단력 그리고 정신까지 갖춰서 자신의 임무를 수행하는 기계다. 이러한 결론은 나의 전 생애에 걸친 생각과 관찰의 결과다. 이제 나는 불가능한 것처럼 보일 수도 있는 이런 꿈을 어떻게 이룰 것인지 간단히 설명할 것이다.

오래전 아직 어렸을 때, 나는 특이한 현상 때문에 곤란한 적이 있는데 망막이 과도하게 흥분하여 나타난 현상으로 생각한다. 어떤 이미지가 나타나 지속되면 실제 사물의 모양이 제대로 보이지 않고 생각에도 방해를 받는다. 내게 어떤 단어를 말하면 그 단어로 연결되는 사물의 이미지가 눈앞에 생생히 나타나서 그것이 실제인지 아닌지 구분하기 어려울 때도 많았다. 이것 때문에 나는 많이 불안하고 힘들었지만 그러한 이미지를 쉽게 없애버릴 수가 없었다. 그렇게 떠오른 이미지는 아무리 노력해도 내 의지로는 지워지지 않다가 열두 살이 되어서야 그 이미지를 지우는 데 성공한 것으로 기억한다.

사실 내가 그때처럼 행복할 수는 없지만, 안타깝게도 (당시 생각으로는) 그 오래된 문젯거리가 다시 나타났고 불안감도 동반했다. 그러나 이번에는 관찰을 시작했다. 이에 대해 설명하겠다. 어떤 사물의 이미지가 눈앞에 나타나면 이전에 보았던 어떤 것을 떠올릴 수 있었다. 이렇게 생각한 첫번째는 순전히 우연이지만 곧 그렇지 않다는 것을 확신했다. 어떤 이미지가 출현하기 전에 의식적이든 아니든 시각적으로 받은 인상이 항상 있었다. 그래서 어떤 이미지가 나타날 때마다 그 이미지가 출현하게 만든 무엇을 찾아내려는 궁금증이 생겼으며, 곧 반드시 찾아야만 하는 일이 되었다.

그다음에 관찰한 것은 이러한 이미지가 내가 이전에 본 어떤 것의 결과로 이어서 나타나며, 내 생각에도 비슷한 방식으로 반영된다는 사실이었다. 그래서 나는 또 내가 하는 생각의 원천이 된 이미지를 찾고 싶은 욕망이 생겼으며 이렇게 과거에 받은 시각적 인상을 찾는 일이 거의 일상화되었다. 이렇게 내 머리는 자동적으로 그런 식의 사고가 대부분 무의식적으로 행해져서, 특정 생각이 시작된 원천인 시각적 경험을 바로 추적해 찾아낼 수 있게 되었다. 이것만이 아니다. 나의 모든 움직임도 이와 같이 찾고 관찰하는 활동 중심으로 진행되었다. 해가 가도 나의 생각과 행동 하나하나가 그런 식으로 지속되었다. 나는 커다란 추진력을 가진 자동화 기계와 같아서 나의 감각기관에 와 닿는 외부 자극에 단순하게 반응하는 방식으로 생각하고 움직였다. 나의 생각이나 행동을 유발한 어떤 과거의 경험을 찾을 수 없던 경우는 내가 살아오면서 아마 한두 차례밖에 없을 뿐이다. 내

그림 3. 최초의 원격 자동화 기계

게 나타난 꿈도 마찬가지다. 신체가 하는 모든 동작과 움직임, 그리고 체내에서 이루어지는 메커니즘을 무선으로 원격으로 조절하는 기계다.

'그림 3'의 무인 보트에는 자체 동력과 추진 및 조종 장치를 비롯해 여러 부품이 있으며 모두 원거리에서 무선으로 제어한다. 보트에 탑재된 전기회로에 전기 진동이 전해지면 회로가 이러한 전기적 신호에만 반응을 나타내어 보트 내 장치들이 작동하는 방식으로 조종

한다.

내가 직접 이런 경험을 했기 때문에 나는 자동화 기계를 만드는 생각을 일찍부터 자연스럽게 했다. 나는 외부 자극에 좀 더 본능적으로 반응했으며, 자동화 기계가 기계적 실물로 나타났다는 차이만 있었다. 그와 같은 자동화 기계는 동력원과 운동기관, 방향조정기관, 외부 자극에 반응을 나타내도록 설계한 하나 이상의 감각기관 등을 갖추어야 한다. 내 생각에 이러한 기계는 살아 있는 존재가 하는 것처럼 움직일 수 있다. 중요한 모든 기계적 특성이나 요소를 생명체와 동일하게 보유하기 때문이다. 하지만 그 기계를 완전하게 구현하려면 성장이나 번식 능력 그리고 무엇보다도 정신을 부여하는 문제 등을 해결해야 한다. 그러나 이 경우 성장이 꼭 필요한 것은 아니다. 기계는 완전히 성장한 상태로 만들어지기 때문이다. 자동화 기계가 지적인 존재처럼 모든 임무를 수행할 수 있다면 그것이 뼈와 살로 이루어지건 아니면 나무와 쇠로 이루어지건 문제가 되지 않는다.

그렇게 되려면 정신에 해당하는 요소가 있어야 한다. 왜냐하면 자체의 모든 동작과 연결을 조절하며, 예상하지 못한 상황에 처할 때도 지식과 추론, 판단과 경험을 토대로 행동해야 하기 때문이다. 그러나 나는 이러한 필요 요소를 나 자신의 지식과 경험으로 쉽게 받아들일 수 있었다. 그래서 이와 같은 발명이 발전하여 새로운 기술이 실재로 구현되면 '원격 자동화 기술(텔오토매틱스)'이라는 이름으로 부르면 좋을 것이다. 원거리에서 자동화 기계의 움직임을 조절하는 기술을 의미한다. 이런 기술은 육지나 바다 혹은 공중에서 움직이는 모든 종류의 기계에 적용할 수 있다.

나는 이 기술을 실제로 적용할 첫 대상으로 보트를 선택했다(그림 3). 보트 내부에 장착한 저장 배터리가 동력원으로 기능한다. 모터로 작동하는 프로펠러가 운동기관이다. 방향타는 별도의 모터로 조절하며 역시 배터리로 구동하는데 지휘하는 기관 역할을 한다. 감각기관으로는 처음에 광선에 반응하는 장치를 이용하는 것을 생각했다. 셀레늄 광전지와 같은 것으로 인간의 눈 역할이다. 그러나 좀 더 신중히 접근하니 여러 어려움이 예견되었다. 빛, 복사열, 헤르츠 복사 혹은 다른 여러 일반적인 광선으로는 자동화 기계를 완벽하게 제어하기 어렵다는 것을 알게 되었다. 즉, 직선으로 공간을 통과하면 중간에 막힐 수 있었다.

조종자와 자동화 기계 사이를 막는 어떤 장애물이 나타나면 통제를 벗어난다. 또 다른 이유로, 눈의 역할을 하는 장치가 원거리의 제어기에 대해 어떤 특정 방향을 취해야 하는데, 이러한 조건 때문에 제어에 큰 한계가 있을 수밖에 없다. 그리고 또 다른 중요한 이유가 있다. 즉, 광선을 이용하려면 자동화 기계마다 개별적으로 고유한 특성을 부여해야 한다. 말하자면 이런 종류의 다른 자동화 기계와 구별할 수 있어야 하는 것이다. 자동화 기계는 사람이 자신의 이름에 대답하듯이, 자신에게 개별적으로 내려진 명령에 응답해야 한다. 나는 이런 문제를 고려하여 자동화 기계의 감각장치는 인간의 눈보다는 귀에 해당해야 한다고 결론을 내렸다. 이 보트는 그 작동이 중간에 장애물이 나타나도 작동을 제어할 수 있고, 원격 제어장치에 대한 상대적 방향도 문제가 되지 않아야 한다. 그리고 마지막으로 중요한 것은 주인이 자신에게 내리는 명령이 아닌 다른 명령에는 귀먹은 듯이 반응을 보이지 않아야 한다. 원격 제어 기술을 이용하려면 이러한 조건을 반드시 충족해야 한다. 그래서 빛이나 다른 광선 대신에 음파처럼 공간 속을 모든 방향으로 전달하거나 휘어지더라도 경로 중의 저항이 최소인 신호를 이용해야 한다.

나는 보트 내에 전기회로를 설치하여, 원격 '전기 발진기'에서 방출되어 보트로 전송되는 전기적 진동에 회로의 진동을 정확하게 맞추어 그 과제를 해결했다. 이 회로는 전송된 진동에 반응을 나타내 자석 등의 부품에 신호를 주고 이것이 매질을 통과하여 프로펠러나 방향타 등 다른 여러 장치를 작동시켰다. 이와 같이 단순한 수단을 이용해 원거리에 있는 조종자의 지식과 경험, 판단(즉, 정신에 해당한다)을 그 기계에 이식하고, 이것이 기계를 움직이며 여러 가지 기능을 수행하게 했다. 이런 식으로 그 기계는 지능과 추론의 능력을 가지는 것이다.

기계는 청각장애인이 귀를 통해 받는 지시에 따라 행동하는 것처럼 움직였다. 이렇게 자동화 기계는 멀리 떨어져 있는 어떤 조종자의 일부로 그의 '대리인'이 되어, 그가 전하는 지능적 명령을 받는다. 하지만 이와 같은 기술은 이제 막 태어난 단계다. 그러나 나는 자동화 기계가 그 자체의 '자기 정신'을 가질 수 있다고 생각한다. 이렇게 되면 자신의 감각기관에 들어오는 외부 자극에 대해, 조종자와는 별개로 완전히 자체적으로 반응하여 다양한 작동이나 기능을 나타낸다. 즉, 지능이 있는 개체처럼 행동한다. 어떤 계획에 따라 행동하거나 내려질 명령을 예측하고 수행할 수도 있다. 해야 할 일과 하지 말아야 할 일을 구분할 수 있다. 경험축적, 즉 어떤 인상을 기록하고 이를 참고하여 다음에 할 행동을 결정할 수도 있다.

나는 사실 그와 같은 계획을 벌써 생각했다. 오래전에 이 발명 기술을 더 발전시키고, 내 실험실을 방문한 사람들에게 설명하곤 했다. 그래서 내가 이 발명을 완성한 지 얼마 지나지 않아 자연스럽게 이 기술에 대해 많은 논쟁과 여러 가지 충격적인 보고들이 이어졌다. 그러나 대부분의 사람은 이 기술의 진정한 의미나 기본 원리가 얼마나 큰 힘을 갖는지 알지 못했다. 당시에 나온 여러 언급으로 미루어볼 때 사람들은 내가 발명한 결과물이 전적으로 불가능하다고 간주했다. 그 발명의 실용성을 인정할 생각이 있는 일부 사람들까지도 그 기능을 단순히 자동으로 움직이는 어뢰 정도로 생각해 기껏해야 선박 파괴용으로 쓸 수 있지만 그마저도 성공률이 의심된다고 말했다. 내가 헤르츠파나 다른 어떤 광선을 이용해 선박을 조정하려 한다고 생각했다. 당시에도 유선 전기를 이용하여 조정하는 어뢰가 있고 무선으로 커뮤니케이션이 가능했기에 그렇게 추정했을 수 있다. 이것이 내가 한 전부라면 별 의미 없는 발전이다. 하지만 내가 개발한 기술은 움직이는 선박의 방향 조정만 고려한 것이 아니다. 모든 부분을 다 완전하게 조절하는 도구다. 즉, 모든 이동운동뿐만 아니라 모든 내부 기관의 작동을 제어한다. 그 수가 아무리 많더라도 각각이 개별적 자동화 기계다.

전기적 진동을 이용하여 얻을 수 있는 놀라운 결과를 꿈에도 생각해본 적이 없는 사람들이 자동화 기계는 조절이 어려울 거라고 비판한다. 세계는 서서히 움직이고 진실은 잘 드러나지 않는다. 이런 기술은 방어용뿐만 아니라 공격용 무기에도 채용될 수 있고, 잠수함이나 항공기에도 적용하면 그 파괴력은 어마어마할 것이다. 사실상 탑재 가능한 폭발력은 무제한이며 공격 가능한 거리에도 제한이 없어 성공하지 못할 이유가 없다. 그러나 이와 같은 신기술의 힘은 그 파괴력에만 있는 것이 아니다. 이러한 발전의 결과로 이전에는 없던 요소가 전쟁에 도입될 수 있다. 즉, 무인 전투 기계가 방어와 공격의 수단으로 등장한다. 이런 방향으로 발전이 계속되면 전쟁이 무인 기계들 사이의 단순한 경연장이 된다. 덕분에 인명 손실이 없다. 인명이 희생되지 않는 전쟁은 이런 신기술로만 가능하며, 내 생각으로는 항구적 평화로 가는 길목이 될 수 있다. 미래가 이런 관점을 증명하거나 부정해줄 것이다. 나는 이렇게 확신하지만 아직은 조심스럽게 말할 수밖에 없다.

국가 사이에 영구적 평화 관계가 정착하면 인간 질량의 운동성에 방해되는 힘을 가장 효과적으로 줄일 수 있으며, 인류의 커다란 과제에 다가가는 최선의 해결책이 될 수 있다. 그러나 과연 세계 평화의 꿈이 언제 이루어질까? 우린 그 가능성에 희망을 품어보자. 과학의 빛으로 모든 어둠을 제거할 때, 모든 국가가 하나로 통합될 때, 그리고 애국심이 종교와 같아질 때, 하나의 언어로 이야기할 때, 하나의 국가에서 하나의 목표를 향할 때 그 꿈은 현실이 될 것이다.

| 세번째 과제: 인간 질량을 가속시키는 힘을 어떻게 강화할 것인가 – 태양에너지 활용하기 |

인류 에너지를 높이는 과제를 해결할 수 있는 세 가지 방법 중에서 이것이 가장 중요하다. 왜냐하면 이것은 태양에너지 자체의 의미뿐만 아니라 인류의 운동성을 결정하는 여러 다른 요소와 조건과도 관련이 있기 때문이다. 나는 체계적으로 분석하기 위해 내가 처음 생각한 것부터 해결책에 도달할 때까지의 과정을 하나씩 살펴볼 것이다.

본격적인 분석에 앞서 전진하는 운동을 결정하는 중요한 힘에 대해 살펴보면 도움이 될 것이다. 특히, '속도'라는 가상 개념을 도입하면 유용하다. 이것은 앞에서 설명했듯이, 인류 에너지를 측정하는 도구다. 그러나 이런 과제를 구체적으로 논의하려면 현재의 주제 범위를 넘어설 필요도 있다. 이러한 모든 힘이 합쳐서 만들어내는 결과는 항상 이성의 방향이며, 따라서 이것이 언제나 인류 운동성의 방향을 결정한다. 과학적 · 합리적 · 실용적이며 유용한 모든 노력은 인류의 질량이 움직이는 방향과 일치해야 한다. 실용적이고 합리적인 사람, 관찰자와 사업가, 사유하고 계산하며 앞서서 판단하는 사람이라면 자신의 노력으로 얻는 결과가 인류 운동성의 방향과 일치하도록 신중해야 하며 가장 큰 효율성을 발휘할 수 있게 해야 한다. 이것이 그들의 지식과 역량이 성공으로 이어질 수 있는 비밀이다.

새로 발견되는 모든 사실과 새로운 경험과 요소는 인간의 지식에 더해지고 이성의 영역으로 들어가서 동일한 효과를 나타낸다. 따라서 운동성 방향의 변화는 언제나 이러한 모든 노력의 결과와 병행되어야 하며, 이렇게 될 때 우리는 합리적이라고 부른다. 즉, 자기보존적이며 유용하고, 이익을 주거나 실용적이다. 이러한 노력은 인류의 일상생활과 필요성, 편안함, 업무 등에 관련되며 인간을 전진시키는 힘이다.

그러나 오늘날처럼 바쁘고 혼잡스럽게 돌아가는 세계에서 어떻게 전체를 아우르는 통일된 힘을 찾아낼 수 있을까? 우리는 아침에 일어나면 보이는 모든 사물이 기계의 힘을 빌리고 있는 것을 본다. 세수하는 물은 증기력으로 끌어올린 것이고, 아침식사는 먼 곳에서 기차가 실어온 식품으로 만들었다. 우리가 살고 있는 아파트나 일하는 사무실에 있는 엘리베이터, 그리고 우리를 그곳까지 날라주는 자동차는 모두 동력으로 움직인다. 우리의 모든 일상과 직장 생활은 기계에 의존하며, 보이는 모든 것은 기계와 그것을 움직이는 동력과 관련되어 있다. 밤에 기계로 지은 집으로 돌아가면 난로나 전등처럼 집 안에서 편히 쉴 수 있도록 해주는 모든 것 역시 동력으로 가동된다. 이런 기계 동력이 사고로 멈춘다면 도시는 눈 속에 갇히고, 삶을 지탱하는 움직임이 일시적으로 정지할 것이다. 나아가 우리가 이 세계에서 동력 없이는 살아갈 수 없음을 알고는 놀란다. 동력은 일을 의미한다. 즉, 인간의 전진을 가속시키는 힘이 증가하면 더 많은 일을 한다.

이제 우리는 인간 에너지 증대라는 커다란 과제의 세 가지 해결책을 세 단어로 표현할 수 있다. '식량, 평화, 그리고 일'. 몇 년 동안 나는 인간을 힘으로 움직이는 질량으로 간주하고 이론을 정립해왔다.

인간의 난해한 움직임을 기계적 동작이라는 관점에서 간단한 역학 이론을 적용한 결과 이러한 해결책에 도달하였으며, 이것은 내가 어린 시절에 배운 내용이기도 하다. 이러한 세 단어는 기독교의 핵심 교리처럼 보이기도 한다. 내게 이것의 과학적 의미와 목적은 이제 명백하다. 질량을 증가시키는 '식량', 방해하는 힘을 줄이는 '평화', 그리고 인간의 운동성 가속화 힘을 증대시키는 '일'. 인류가 마주한 거대 과제의 가능한 해결책은 이 세 가지로 귀결된다. 그리고 이들은 모두 한 가지 목표를 추구하는데, 즉 인류 에너지의 증대다. 우리가 이것을 인식하면 기독교가 이러한 점에서 다른 종교와는 대조적으로 얼마나 심오하게 과학적이며 얼마나 실제적인지 놀라지 않을 수 없다. 이것은 분명히 수많은 세대를 거치면서 실제적 실험과 과학적 관찰을 거듭한 결과일 것이다. 다른 종교처럼 단순히 추상적 사유로 얻은 결과가 아니다.

일, 유용하고도 축적되며 지칠 줄 모르는 노력, 그리고 여기에 효율성을 높여주는 휴식과 회복을 함께하는 것이 언제나 필요하며 가장 중요하다. 그러므로 우리는 인류의 역량을 최고로 높이기 위해 기독교와 과학의 힘을 빌릴 수 있다. 이와 같이 인류의 가장 중요한 과제를 이제부터 구체적으로 살펴본다.

| 인류 에너지의 원천 – 태양으로부터 에너지를 얻는 세 가지 방법

먼저 이러한 질문을 해보자. 모든 동력은 어디에서 나오는가? 움직이는 모든 물체는 어디에서 힘을 얻는가? 바다에 밀물과 썰물이 생기고, 강이 흘러가며, 바람과 비와 우박이 창문을 두드린다. 기차와 증기선이 오고 가며 마차의 덜커덕거리는 소음과 거리에서 떠드는 사람들의 목소리가 들려온다. 우리는 느끼고, 냄새 맡고, 맛을 보는 이 모든 행위에 대해 생각한다. 그리고 이 모든 운동, 즉 거대한 파도부터 생각을 부르는 뇌의 미세한 움직임까지 모든 힘은 한곳에서 출발한다. 이러한 모든 에너지는 하나의 중심, 하나의 근원, 즉 태양에서 나온다. 태양이 모든 것을 움직이는 원천이다. 태양은 인간의 생명을 유지하고 인간에게 필요한 모든 에너지를 공급한다.

여기서 우리는 위의 질문에 대해 또 하나의 대답을 발견한다. 인간의 운동성 가속화 힘을 증가시키는 것은 태양에너지를 더 많이 인간을 위해 이용한다는 의미다. 우리는 지난 시간 불멸의 업적을 이룩한 위인을 기리고 숭배한다. 인류에게 큰 공헌을 한 사람들로 삶의 길을 제시한 종교개혁가, 깊은 진리를 전한 철학자, 중요한 공식을 발견한 수학자, 자연의 법칙을 찾아낸 물리학자, 아름다움을 정의한 예술가 들이다. 그러나 그중에서도 가장 위대한 사람은 누구였을까? 최초로 태양에너지를 약한 인간의 고생을 덜어주려고 활용한 사람이 아닐까? 그것은 인간이 처음으로 행한 과학적 박애 행위이며 그로부터 우리는 헤아릴 수 없는 많은 혜택을 입었다.

인간은 시초부터 태양으로부터 에너지를 끌어내는 세 가지 방법을 사용했다. 우연히 지펴진 불 앞에서 고대 인류는 자신의 언 팔다리를 녹이며 불타는 물질에 저장된 태양에너지를 이용했다. 자신의 동굴로 나뭇가지를 가져와서는 그곳에서 불태웠다. 저장된 태양에너지를 한 지역에서 다른 지역으로 옮겨 사용한 것이다. 조각배를 타고 항해할 때는 대기 등의 주위 매질로 매개된 태양에너지를 이용했다. 말할 것도 없이 인류가 최초로 이용한 가장 오래된 방법이다. 고대 인류는 우연히 발견한 불에서 열이 아주 유용한 것임을 알게 되었다. 그래서 그 불타는 물질을 자신의 주거지로 가져갈 생각을 했다. 마침내 그는 물이나 공기의 빠른 흐름이 가진 힘을 이용할 수도 있게 되었다. 사실, 최근의 진보도 동일한 순서로 이루어지고 있다. 목재나 석탄, 즉 좀 더 일반적으로는 연료에 저장된 에너지 이용에서 시작하여 증기기관으로 발전했다. 그다음으로 전기를 이용하여 에너지를 전송하는 커다란 진보가 이루어지고 있다. 물질을 운반하지 않고 한 장소에서 다른 장소로 에너지를 보내는 것이다. 그러나 주위 매질의 에너지 이용과 관련해서는 혁신적 발전이 아직 이루어지지 않고 있다.

이러한 세 방향에서 발전이 가져올 결과는 다음과 같다. 첫째, 배터리를 이용하는 냉(冷)공정을 이용해 석탄을 연소시키기. 둘째, 주위 매질의 에너지를 효율적으로 이용하기. 셋째, 전기에너지를 어떤 거리에서든 전선을 통하지 않고 전송하기.

어떤 과정을 통하든 이러한 결과는 철(鐵)을 광범위하게 이용하여 활용할 수밖에 없으며, 이 중요한 금속은 이들 세 가지 경로를 따라 앞으로 일어날 발전에서 필수 요소로 기능할 것이 틀림없다. 우리가 냉공정을 이용해 석탄을 연소시키는 데 성공하여 효율적이고 저렴하게 전기에너지를 얻는다면, 이러한 에너지를 실제로 대량으로 사용할 수 있게 전기모터, 즉 철이 필요하게 된다. 주위 매질에서 에너지를 끌어내는 데 성공한다면, 이때도 에너지를 얻는 기계와 이용할 기계, 즉 철이 필요하다. 그리고 우리가 무선으로 대량의 전기에너지를 전송할 때도 대량의 발전기를 만들어 이용할 것인데, 이때도 역시 철이 필요하다.

어떤 길을 가더라도 철은 가까운 장래에 발전에 필요한 중요한 수단이며 과거보다 더 중요할 수도 있다. 철의 중요도가 얼마나 계속될지 말하긴 어렵다. 알루미늄이 철의 경쟁자로 강력히 대두하고 있기 때문이다. 그러나 당분간은 새로운 에너지원의 등장과는 별도로 철의 제조와 활용의 확대가 무엇보다 중요하다. 철을 활용할수록 거대한 발전을 이룰 수 있으며 실현된다면 인류의 역량도 아주 크게 고양될 것이다.

| 철을 통한 인류 역량 증대의 가능성 - 철 제조 과정에서의 낭비

지금까지 철은 현대 문명이 진보하는 데 가장 중요한 요소였다. 인류의 운동을 가속화하는 힘에 다른 어떤 생산품보다 훨씬 큰 기여를 했다. 이 금속 물질은 매우 널리 이용되기 때문에 일상생활과 관련된 모든 것에 연결되어 마치 숨을 쉬는 공기처럼 우리와는 떼어낼 수 없는 존재가 되었다. 철이라는 이름은 유용성과 동의어가 되었다. 그러나 현재까지 인류 발전에 철이 기여한 바가 아무리 크다고 하더라도 철은 인간의 발전을 이끄는 힘에서 자신이 할 수 있는 최대의 역할은 아직 못하고 있다.

무엇보다도 먼저, 철을 생산하는 데 소요되는 연료를 심하게 낭비하고 있다. 즉, 에너지를 버리고 있다. 게다가 생산한 철 중에서 유익한 목적에 이용되는 양은 일부에 불과하다. 많은 양은 마찰저항을 일으키는 데 이용되며, 또 다른 많은 부분은 인간 운동성이 크게 느려지도록 하는 부정적 힘을 개발하는 도구로 쓰인다. 사실, 전쟁이라는 부정적 힘은 대부분 철로 이루어진다. 느려지도록 하는 모든 힘들 중에서 철이 얼마의 비중을 차지하는지 정확하게 추정할 수는 없지만 매우 크다는 사실은 분명하다. 예를 들어, 철을 유익한 목적에 이용하여 생기는 긍정적 추진력을 10으로 생각한다면, 역방향으로 작용하는 전쟁이라는 부정적 힘을 6으로 보아도 과장이 아니다.

이러한 추정을 토대로, 철이 긍정적 방향으로 나타내는 효과적인 추진력은 이러한 두 수치의 차이로 계산할 수 있다. 즉, 4가 된다. 그러나 보편적 평화를 정착시킨다면, 전쟁 기계 생산을 중단하고 국가 사이에 벌어지는 모든 패권 다툼은 건강한 방향으로 변하여 적극적이고 생산적인 산업경쟁이 일어난다. 그렇게 되면 철에서 얻는 긍정적 방향의 추진력은 이러한 두 수치의 합, 즉 16으로 계산된다. 현재 철이 가진 가치의 네 배에 해당하는 값이다. 이러한 예는 물론, 인간의 유용한 역량을 크게 높인다는 개념을 보이기 위한 목적이다. 이것은 전쟁 수단을 공급하는 철강산업을 근본적으로 개혁하여 이룰 수 있다.

현재의 철강 생산 방법과 관련한 석탄 낭비를 없애면 인간이 이용할 에너지를 절약하는 것이므로 추정할 수 없을 만큼 큰 이익을 얻는다. 영국 같은 일부 국가는 이와 같은 연료 낭비가 끼치는 피해를 몸소 느끼기 시작했다. 석탄 가격이 계속 올라가서 빈곤층이 겪는 고통은 점점 더 심해지고 있다. '석탄의 고갈'이라는 최악의 상황까지는 아직 멀었지만 외면할 수 없는 현실은 우리에게 새로운 방법으로 철을 생산하도록 촉구한다. 현재 우리가 사용하는 대부분의 에너지를 공급할 정도로 귀중한 석탄을 이렇게 심한 낭비 없이 이용할 수 있는 방법을 말한다. 에너지 저장고인 석탄을 우리 후대에게 그대로 물려주거나 좀 더 효율적으로 연소시키는 공정을 완성할 때까지만이라도 손대지 않는 것이 우리의 의무다. 우리 이후에 이 세계에서 살아갈 사람들은 우리보다 더 많은 연료가 필요할 것이다.

우리는 석탄을 거의 낭비하지 않고 태양에너지를 이용해 필요한 철을 생산해야 한다. 이러한 목적을 위해 수력에너지에서 얻는 전기를 이용해 철광석을 제련한다는 개념이 자연스럽게 등장했다. 나 자신도 그와 같이 적은 비용으로 철을 생산하는 공정을 실현하기 위해 많은 시간을 들여 연구했다. 그 주제를 오랫동안 탐구한 끝에 생산한 전기로 철광석을 직접 제련하면 이익이 되지 않는다는 결론에 도달했다. 그래서 나는 훨씬 더 경제적인 방법을 고안했다.

| 철을 경제적으로 생산하는 새로운 방법

6년 전 나는 폭포의 에너지에서 얻은 전류를 이용해 철광석을 직접 제련하는 것이 아니라 전 단계로 물을 분해하는 방법을 생각했다. 매우 값싸고 간단한 발전기로 전류를 생산해 철강 생산의 비용을 낮추려는 목적에서 구상한 프로젝트다. 전기분해로 생성된 수소를 산소와 재결합, 즉 연소시키되 전기분해 과정에서 함께 생성된 산소가 아니라 공기 중의 산소를 이용하는 것이다. 그러므로 물을 전기분해하는 데 들어간 에너지 대부분이 수소의 재결합을 통해 열의 형태로 재생되며, 이러한 열로 철광석을 제련하는 것이다. 물의 전기분해에서 부산물로 얻는 산소는 다른 산업 분야에 이용할 계획이었는데, 이 방법으로 가장 값싸게 대량의 산소를 얻는다면 경제적으로 큰 이득이었다. 어떻든 각종 폐기물이나 싼 값의 탄화수소, 즉 공기 중에서 보통 방법으로 사용할 수 없는 품질이 낮은 석탄을 이 방법으로 태운다면 또다시 상당량의 열을 추가로 철광석 제련에 이용하는 것이었다.

그리고 경제성을 높이기 위해 용광로에서 나오는 뜨거운 금속과 연소 산물의 열이 용광로에 들어가는 차가운 광석에 전해지도록 공정을 설계하면 제련 과정에서 잃게 되는 열은 상대적으로 적다. 내 계산으로 이와 같은 방식이면 1년에 마력당 철강 생산량이 약 18톤에 달했다. 어쩔 수 없는 손실을 충분히 감안하더라도 그 양은 이론적으로 얻을 수 있는 양의 절반 이상이었다. 나는 이와 같은 추정을 토대로 5대호 지역에 풍부하게 존재하는 모래광석과 같은 특정 종류 광석의 제련비를 종합하여 계산했다. 여기에는 인건비, 운송비 등의 데이터까지 모두 포함했다. 그 결과, 일부 지역에서는 이 방법을 이용하면 기존의 어떤 방법보다 더 경제적으로 철을 생산할 수 있는 것으로 확인되었다. 물을 분해해서 얻는 산소를 철광석 제련에 이용하지 않으면 더 경제적이었다. 어떤 산업 분야에서 산소에 대한 새로운 수요가 있으면, 이 시설에서 나오는 수익이 더 높아지고 따라서 철을 제련하는 비용은 낮아질 것이다. 이 프로젝트는 산업계에서 관심만 보이면 발전할 수 있다. 이것은 산업계의 아름다운 나비가 될 것이며, 나는 언젠가 이 나비가 엉켜 있는 고치를 벗어나 날아오를 것이라 희망한다.

모래 철광석에서 자력으로 철을 분리하여 생산하는 방법은 석탄 낭비가 없다는 점에서 매우 추천할 만하다. 하지만 그 후에 철을 제련해야 하기 때문에 이 방법의 효용성은 크게 줄어든다. 철광석을 가루로 만드는 방법은 수력을 이용하거나 연료 소비가 없는 다른 방법으로 얻는 에너지를 이용할 때만 타당성이 있다. 전기분해의 냉공정으로 연료 소비 없이 철을 값싸게 추출할 수 있다면 철 생산에 매우 획기적인 발전이 될 것이다. 다른 일부 금속처럼 철 역시 지금까지 전기분해가 어려웠지만 앞으로 이러한 냉공정이 현재와 같이 녹여서 주조하는 방법을 대신하리라는 것은 의심의 여지가 없다. 금속을 주형에 넣고 반복적으로 가열할 때 필요한 연료의 엄청난 낭비가 없어질 것이다.

수십 년 전까지만 해도 철의 효용성은 탄성이나 연성, 강도 같은 철의 기계적 특성 때문이었다. 하지만 발전기와 전기모터가 등장한 이후 철이 가진 독특한 자기(磁氣)적 특성 때문에 인류에게 철의 가치는 더욱 높아졌다. 특히 최근에 와서 철의 활용성이 크게 높아졌다. 나는 약 13년 전에 이러한 발전의 가능성을 확인했는데, 교류모터 부속품으로 단철 대신에 부드러운 베세머강을 사용하니 모터의 성능이 두 배로 높아진 것이다.

| 알루미늄 시대의 도래와 구리산업의 종말, 새로운 금속이 여는 세계

철과 관련하여 최근 큰 발전이 있었지만, 이제 더 이상 발전할 여지는 거의 없다. 강도와 경도, 연성과 전성 등 철의 물질적 특성을 높이는 것은 불가능하고 자기적 특성도 마찬가지다. 최근 철에 니켈을 약간 섞어 넣어서 상당한 성과를 얻었지만 이 방향으로 크게 발전할 것이라 기대하긴 어렵다. 새로운 발견을 기대할 수는 있지만 이 금속의 가치를 크게 높이기보다는 생산비를 낮추는 수준 정도일 것이다. 가까운 장래까지는 기계적 · 자기적 특성이 우수하고 값도 싼 철이 그 존재 가치를 빛낼 것이며 현재로서는 대적할 상대가 없다. 그러나 아주 멀지 않은 시기에 철은 그 제왕의 지위를 다른 물질에 넘겨주어야 할지 모른다. 알루미늄 시대가 다가오고 있다.

불과 70년 전, 독일 공학자 프리드리히 뵐러(Friedrich Wöhler)가 이 획기적인 금속을 발견한 이후 이제 40년 정도의 역사를 가진 알루미늄 산업은 이미 전 세계의 주목을 받고 있다. 일찍이 볼 수 없던 빠른 성장이다. 얼마 전까지만 해도 알루미늄 판매 가격은 1.4킬로그램당 30~40달러에 이르렀지만 이제는 센트 단위까지 내려가 매매되고 있다. 하지만 이 가격도 비싸다고 생각할 때가 멀지 않았다. 알루미늄 생산 방법을 획기적으로 개선할 수 있기 때문이다. 현재 이 금속은 대부분 전기용광로 내에서 융합과 전기분해를 조합한 공정으로 생산하는데, 이 방법은 장점이 많지만 전기에너지 낭비가 심할 수밖에 없다. 알루미늄 생산 공정에 내가 제안한 철 생산 공정과 비슷한 과정을 채택한다면 알루미늄 가격이 크게 낮아질 것이다. 알루미늄 1킬로그램을 생산하는 융합에 필요한 에너지는 철 1킬로그램을 제련하는 데 들어가는 열에너지의 70퍼센트 정도이며, 알루미늄 무게는 철의 3분의 1에 불과하기 때문에 같은 양의 열에너지로 철의 네 배 부피의 알루미늄을 얻는다. 그러나 가장 이상적 방법은 전기분해의 냉공정이며 나는 여기에 희망을 걸고 있다.

알루미늄산업의 발전은 필연적으로 구리산업의 몰락을 초래한다. 두 산업이 함께 번성할 수는 없기에 구리산업이 패배자로 사라질 운명에 놓였다. 지금도 알루미늄 전선을 이용한 전류 전송 비용이 구리전선 비용보다 싸다. 알루미늄 주물 제조는 비용이 더 적어서 가정용 구리 이용도 알루미늄의 경쟁이 될 수 없다. 알루미늄 생산 가격이 더 내려가면 구리는 더 이상 버틸 수 없다. 물론 알루미늄 산업이 마냥 뻗어가지만은 않을 것이다. 산업계에는 약육강식의 법칙이 지배한다. 거대한 구리산업의 이해가 아직은 왜소한 알루미늄 산업을 통제하여 느림보 구리가 발 빠른 구리의 속도를 늦출 것이다. 하지만 예정된 몰락을 피하기보다는 단지 지체될 뿐이다. 알루미늄은 멈추지 않고 구리를 몰아낼 것이다.

조만간 알루미늄과 철 사이에 치열한 싸움이 전개될 것으로 예상되는데 알루미늄도 철을 무릎 꿇리기가 쉽지 않을 것이다. 전기 기계의 철 사용 유무에 따라 싸움의 향방이 좌우될 것이다. 미래만이 결정할 수 있는 문제다. 철은 자성(磁性)을 띠는 특성이 있다. 이와 관련해서는 아직 확실히 밝혀지지 않았지만 여러 이론이 있다. 물체를 구성하는 분자의 행동으로 자성을 설명할 수 있다. 무거운 액체가 일부 들어찬 긴 관이 시소처럼 균형을 이루고 있는 것에 분자를 비유한다. 이러한 관이 둘 중 어느 한쪽으로 기울어지는 것처럼, 자연의 어떤 현상 때문에 분자가 어느 한쪽으로 기울어지면 물체가 자성을 띠지만, 다른 방향으로 기울어지면 물체에 자성이 생기지 않는다. 그러나 양쪽 위치 모두 안정된 상태다. 긴 관 속의 액체가 낮은 끝 쪽으로 쏠려 가면 관이 안정되는 것과 같다. 이제 아주 신비롭게도 어떤 물체의 분자가 움직이는 방향과는 반대쪽으로 철의 분자가 움직인다.

철의 전자기적 특성을 무시하지 않는 한 철은 필수불가결한 금속이다. 그러나 철의 장점은 그리 크지 않을지도 모른다. 우리가 약한 자기력을 이용하는 한 철은 다른 어떤 것보다 뛰어난 물질이지만, 철을 이용하지 않고 강력한 자기력을 만들 수 있다면 문제가 다르다. 나는 이미 철을 전혀 사용하지 않는 변압기를 만들었는데, 이 기계를 이용하면 철로 만들었을 때보다 킬로그램당 다섯 배나 많은 일을 수행할 수 있다.

이런 결과는 현재 산업계가 채택한 통상 전류가 아니라 새로운 방식으로 만든 매우 높은 진동수의 전류를 이용해 얻었다. 그처럼 빠르게 진동하는 전류를 이용해 철 부속이 없는 전기모터를 작동시키는 데 성공했다. 이론적으로는 이 모터가 단위무게당 훨씬 더 많은 일을 수행할 수 있어야 하지만 현재까지는 철로 만든 보통 모터에 비해 성능이 떨어진다. 그러나 해결할 수 없는 것처럼 보이는 문제도 결국은 해결되고 그러면 모든 모터가 철제가 아닌 알루미늄으로 만들어져서 가격이 크게 내리게 된다. 이것은 철강산업의 몰락까진 아니더라도 심각한 타격으로 작용할 것이다. 다른 여러 산업, 특히 조선산업처럼 가벼운 구조물의 무게가 중요한 곳에서는 이 새로운 금속이 매우 빠르게 보급되어 조만간 철을 대신할 것이 확실하다. 앞으로 시간이 지나면 철을 가치 있게 만드는 그와 같은 특성을 알루미늄이 대신할 것으로 보인다.

이와 같은 혁명적 변화가 언제 완성될지 알 수 없지만 알루미늄에는 다른 금속에 비해 인간의 역량을 높이는 데 기여할 훨씬 많은 가능성이 내포되어 있으며, 미래는 알루미늄의 시대가 되리라는 것도 분명하다. 알루미늄의 잠재력이 철의 100배는 될 것이다. 너무 과도한 추정처럼 보일 수 있지만 절대로 그렇지 않다. 무엇보다 인간이 이용할 수 있는 알루미늄의 양이 철의 30배에 이른다. 이 자체로도 큰 가능성을 시사한다. 그리고 이 새로운 금속은 가공이 훨씬 쉽기 때문에 더욱 가치가 크며 귀금속의 특성도 있어 가치를 더한다. 전기 전도성도 단위 무게로 볼 때 다른 어떤 금속보다 큰데, 이것 하나만으로도 미래의 인간 발전을 이끌 가장 중요한 요소들 중 하나로 손꼽히기에 충분하다. 더구나 매우 가볍기 때문에 생산한 알루미늄 제품을 운반하기 쉬운 것도 물론이다.

알루미늄의 이러한 특성에 편승하여 군함 건조에도 혁명이 일어나고, 운송이나 여행이 활발해져서 인류의 역량을 크게 높이게 된다. 그러나 내 생각에 알루미늄이 무엇보다 문명에 크게 기여하는 부분은 항공 여행이다. 알루미늄으로 만든 기계를 이용한 항공 여행은 분명히 실현된다. 통신기계를 이용해 미개인을 서서히 계몽할 것이다. 전기모터와 전등을 이용하면 계몽 속도는 더 빨라진다. 그러나 무엇보다도 비행기계가 가장 큰 역할을 할 것이다. 여행이 쉬워지면 인류 내부의 이질적 요소들이 통일되는 계기가 될 수 있다. 이러한 목표를 향한 첫걸음으로 우리는 더 가벼운 축전-배터리를 만들거나 석탄에서 더 많은 에너지를 얻어야 한다.

| 석탄에서 더 많은 에너지를 얻기 위하여

한때 나는 배터리 내에서 석탄을 연소시켜 전기를 얻는 것이 문명의 발전을 향한 위대한 성취라 생각했지만, 이 주제를 계속 연구하면서 내 관점은 크게 변했다. 현재 나는 배터리 내에서 석탄을 아무리 효율적으로 연소시키더라도, 그것은 훨씬 더 완벽한 어떤 것으로 향하는 중에 지나는 과정에 불과하다고 생각한다. 무엇보다 이런 방법으로 전기를 일으키려면 물질을 파괴해야 하는데 그것은 미개한 방법이다. 재료를 소비하지 않고 필요한 에너지를 얻을 수 있어야 한다.

그러나 연료를 그처럼 효율적으로 연소하는 방법의 가치를 과소평가하는 것은 아니다. 현재 대부분의 동력을 석탄에서 직접 혹은 석탄 제품에서 얻고 있다. 즉, 인간 에너지의 많은 부분이 석탄에서 발생한다. 하지만 현재 우리 산업과 생활에서는 석탄에너지의 많은 부분이 낭비되고 있다. 가장 성능이 우수한 증기기관도 전체 에너지 중 적은 일부만 이용할 뿐이다.

최근 개발되어 좋은 성능을 보여주는 가스기관도 마찬가지로 연료의 낭비가 심각하다. 전기 조명시스템에서 우리는 석탄이 가진 에너지의 0.3퍼센트도 이용하지 못하며 가스를 이용한 조명시스템에서는 그보다 훨씬 적게 이용한다. 전 세계에서 석탄이 다양하게 이용되는 것을 생각하면, 우리는 석탄에서 이론적으로 이용 가능한 에너지의 2퍼센트도 이용하지 못하고 있다. 이와 같은 막대한 낭비를 중단하면 인류에게 큰 도움이 된다. 물론 그러한 해결책도 언젠가 저장된 에너지 물질이 소진된다는 면에서는 영구적이지 않다.

석탄에서 더 많은 에너지를 얻으려는 노력은 주로 두 가지 방향으로 진행된다. 즉, 동력원으로서 가스 생산과 전력 생산이다. 이 두 가지 방향에서 이미 큰 수확이 있었다. 교류전류 시스템을 이용하는 전력 송전은 인류에게 필요한 에너지를 석탄에서 얻는 경제에 한 획을 그었다. 수력발전으로 얻는 모든 전기에너지는 연료를 대폭 절감하므로 인류 전체적으로 이득이다. 또한 이 방법은 인류의 노동력을 거의 투입하지 않으므로 더욱 효과적이다. 이것은 가장 완벽한 방법으로 태양에너지를 끌어내 인류 문명의 발전에 기여한다. 그러나 전기는 석탄으로부터 과거보다 더 많은 에너지를 얻게 한다. 석탄을 멀리 있는 소비 지점까지 운송하지 않고, 석탄 광산 근처에서 태워 발전기로 전기를 발생한 다음 먼 곳까지 전송한다. 따라서 상당한 절약 효과가 있다. 공장에서는 과거처럼 에너지 낭비가 큰 벨트나 축을 이용해 기계를 가동하지 않고 증기 힘으로 전기를 생성하여 전기 모터를 가동한다. 이런 방법을 이용하면 다른 여러 장점 외에도 연료에서 두세 배 이상 효율적으로 동력을 얻을 수도 있다.

단순한 기계장치를 이용하는 교류 시스템으로 에너지를 멀리 보낼 수 있게 되면서 산업계에는 혁명적 변화가 일어나고 있다. 그러나 아직 이러한 전송 체계가 완전히 구현되지는 않았다. 예를 들어, 증기 기관차와 열차는 아직도 수증기 동력을 축이나 차축으로 직접 전달하는 방법으로 구동된다. 그러나 현재 채택된 선박 엔진이나 기관차 대신에 고압 증기 엔진이나 가스엔진을 이용하도록 특별히 설계된 발전기로 전기를 만들고 전기가 구동하는 형태가 되면 연료가 내는 열에너지 중 훨씬 높은 비율을 구동 에너지로 바꿀 수 있다. 50~100퍼센트 정도 더 얻을 수 있다. 석탄에서 에너지를 훨씬 더 효율적으로 추출하는 방법이다. 엔지니어들이 이렇게 간단하고 명백한 사실을 왜 제대로 주목하지 않는지 알 수 없다. 대형 선박에 이 기술을 채택하면 소음을 없애고 항해 속도와 적재 능력을 높일 수 있기 때문에 특히 유용할 것이다.

최근 가스엔진 기술이 발전하여 석탄에서 더 많은 에너지를 얻고 있는데, 증기엔진에 비해 평균 2배 이상의 효율성을 보인다. 가스 산업의 중요성이 높아지면서 가스엔진을 더 활발히 도입하고 있다. 조명용 전기 이용이 늘어남에 따라 난방이나 동력에 가스를 더 많이 이용하고 있다. 이러한 가스는 탄광 인근에서 생산하고 멀리 있는 가스 소비 지역까지 배송하기 때문에, 운송비와 연료의 에너지 이용률에서 절약의 여지가 있다. 현재의 전기 및 기계 기술 수준으로 석탄에서 에너지를 얻는 가장 경제적인 방법은 석탄 저장소 인근에서 가스를 생산하고 그 장소에서 혹은 다른 어떤 장소의 가스엔진 발전기로 전기를 생산하여 산업에 이용하는 것이다. 그와 같은 시설이 성공하려면 마력 수가 아주 큰 가스엔진을 생산해야 하며, 이 분야에서 이루어지는 활발한 활동으로 볼 때 곧 현실화할 것이다. 지금처럼 석탄을 직접 사용하는 대신 이런 식으로 가스로 만들어 연소시키면 경제적으로 큰 절약이 된다.

그러나 그와 같은 발전도 모두 좀 더 완벽한 어떤 지향점을 향해 가는 과정에서 거치는 단계일 뿐이다. 궁극적으로는 석탄에서 좀 더 직접적인 방법으로 전기를 얻을 수 있어야 한다. 그래야 많은 에너지가 열로 낭비되지 않는다. 석탄을 냉공정으로 산화하는 것이 가능할지는 아직 의문이다. 즉, 석탄이 산소와 결합하면 항상 열이 발생하는데, 탄소가 다른 원소와 결합할 때 발생하는 에너지가 직접 전기에너지로 바뀔 수 있는지는 알지 못한다. 특정 조건에서는 질산이 탄소를 연소시켜 전류를 발생시키지만 가열되므로 냉공정이 아니다. 석탄을 산화시키는 다른 방법도 제안되었지만 모두 효율성 있는 공정이 아니다.

나는 성공하지 못했지만 누군가는 냉석탄 배터리를 ‘완성’할 수 있을 것이다. 이것은 본질적으로 화학자가 해결해야 할 문제다. 모든 결과를 사전에 정해두는 물리학자의 영역에서는 실험에 실패하는 경우가 없다. 화학은 실증적 학문이지만 다양한 물질적 문제를 푸는 데 공통으로 쓰이는 방법과 같은 만병통치식 해결책은 인정하지 않는다. 화학에서는 추론이나 계산을 통해서가 아니라 각각의 경우마다 고유한 실험을 거쳐 결과를 얻는다. 그러나 조만간 화학자도 진행 과정을 분명하게 예상하고 면밀히 계획하여 연구를 진행하여 원하는 결과를 얻을 수 있을 것이다.

냉석탄 배터리가 등장하면 전기 분야가 크게 발전할 것이다. 비행기계를 빠르게 실용화하며 자동차 도입도 크게 늘어날 것이다. 그러나 좀 더 과학적으로 접근하고, 좀 더 가벼운 배터리를 개발하면 이러한 문제뿐만 아니라 여러 가지 다른 문제도 더 잘 풀릴 것이다.

| 주위 환경에서 에너지 얻기 - 풍력, 태양광, 지열

언젠가 우리는 연료 외에도 주위에 풍부히 존재하는 물질에서 동력을 끌어낼 수 있을 것이다. 예를 들어, 석회암 속에는 에너지가 갇혀 있는데 황산 등을 이용해 탄산을 발생시켜 기계를 가동할 수 있을 것이다. 실제로 나는 이런 엔진을 만든 적이 있고 아주 만족스럽게 작동했다. 그러나 장래에는 주된 에너지원으로 무엇을 이용하든 어떤 물질도 소비하지 않고 에너지를 얻어야 한다. 나는 오래 전에 이런 결론을 내렸다. 이렇게 할 수 있는 방법은 앞에서 언급했듯이 두 가지밖에 없다. 주위 환경에 저장된 태양에너지를 변화시켜 이용하거나, 물질의 소비 없이 태양에너지를 얻을 수 있는 곳에서 얻은 에너지를 주위 환경을 이용해 먼 곳으로 보내는 것이다. 한때 나는 후자의 방법을 배제했는데, 왜냐하면 먼 곳으로 에너지를 보내는 것이 실현 불가능하다고 생각해서였다. 그래서 전자의 방법 가능성 연구에 집중했다.

태곳적부터 인간은 풍차처럼 주위 환경에서 에너지를 얻는 꽤 우수한 기계를 이용했다. 보통 사람들의 생각과는 달리 바람에서 얻을 수 있는 에너지는 적은 양이 아니다. 많은 발명가가 밀물과 썰물, 즉 조수현상을 에너지로 이용하려고 많은 시간을 투자했지만 실패했으며, 이러한 조수 혹은 파도의 힘으로 공기를 압축하여 에너지를 공급하자는 제안까지 나왔다. 하지만 그들은 언덕 위에 우뚝 선 풍차가 날개를 돌렸다 멈췄다 하는 의미를 이해하지 못했다. 일반적으로 파도나 조수를 이용하는 모터는 상업적으로 풍차에 비교되지 못한다. 풍차는 훨씬 단순한 방법으로 훨씬 더 많은 에너지를 얻을 수 있기 때문이다. 바람의 힘은 옛날부터 인간에게 큰 가치가 있었다. 한 가지 예로, 인간은 그 힘을 이용해 바다를 건너갔으며 지금도 여행과 운송에 중요한 역할을 한다. 그러나 이렇게 이상적이고도 간단하게 태양에너지를 이용하는 방법에는 심각한 한계가 있다. 출력에 비해 기계의 부피가 너무 크고, 에너지 생산이 지속적이지 못하기 때문에 시설 비용이 많이 들고 에너지 저장이 필요하다.

지금은 어렵더라도 태양광에서 동력을 얻는 좋은 방법을 머지않아 이용할 것이다. 태양광은 2.6제곱킬로미터당 최고 400만 마력 이상의 에너지를 끊임없이 지구로 보내고 있다. 어떤 지역에서는 1년에 제곱킬로미터당 받는 태양에너지가 그보다 훨씬 적을 수 있지만 이 에너지원을 이용할 좀 더 효과적인 방법을 찾으면 소진되지 않는 에너지원의 시대가 열린다.

내가 이 주제를 연구하기 시작했을 때 유일하게 알던 합리적인 방법은 태양광의 열로 보일러에서 액체를 끓이고 증기로 만들어 그 힘으로 구동되는 어떤 종류의 열기관, 즉 열역학 엔진이었다. 그러나 이 방법을 정밀히 조사하여 계산하니 태양광에서 많은 양의 에너지를 얻는 것처럼 보이지만 이 방법으로는 극히 일부만 이용할 수 있었다. 그리고 태양광은 에너지가 주기적으로 공급되기 때문에 풍차를 이용할 때와 같은 제약이 있었다.

태양에서 동력을 얻는 이 방식을 오랜 기간 연구한 후 내가 내린 결론은 보일러 부피가 커야 하는 것과 열엔진의 낮은 효율, 에너지를 저장해야 할 추가 비용, 그리고 여러 가지 다른 문제 등을 고려할 때 '태양열 엔진'은 특별한 경우 외에는 실용적으로 성공하기 어렵다는 것이었다.

어떤 물질의 소비 없이 주위 환경에서 동력을 얻는 또 다른 방법은 물과 공기 그리고 땅 속에 축적된 열을 이용하여 엔진을 가동하는 것이다. 지구의 내부는 매우 뜨겁고, 지구 중심으로 약 30미터 깊어질 때마다 온도가 섭씨 1도씩 높아지는 것은 잘 알려진 사실이다.

땅속 3600미터 깊이에 축을 박아 보일러를 설치하면 온도가 120도까지 올라간다. 어렵지만 불가능한 작업은 아니다. 하지만 이런 방식으로 지구 내부의 열을 활용할 수 있는 것은 분명하다. 사실 지구 속에 저장된 열에서 에너지를 끌어내기 위해 반드시 어떤 깊이까지 파고들어가야 할 필요는 없다. 지구의 표면층과 그에 가까운 공기층의 온도도 휘발성이 매우 강한 물질을 기체로 만들기에 충분하다. 보일러에 물 대신 사용할 물질이다. 그러면 바다의 선박이 그와 같이 휘발성 강한 액체로 가동되는 엔진의 힘으로 항해하고, 물에서 추출하는 열 외에는 어떤 다른 에너지도 사용하지 않아도 된다. 그러나 이런 방식으로 얻는 동력의 크기는 매우 작아서 또 다른 동력 공급이 있어야 한다.

| 자연에서 얻는 전기에너지

자연에서 발생하는 전기도 사용할 수 있는 또 다른 에너지원이다. 번개 방전은 아주 많은 에너지 덩어리인데 이를 변환하고 저장하여 이용할 수 있을 것이다. 몇 년 전에 나는 이 작업의 첫 부분을 쉽게 할 수 있는 전기 변환 방법을 찾았지만 번개 방전 에너지의 저장은 쉽지 않다. 그리고 지구에는 전류가 끊임없이 순환하고 땅과 공기층 사이에 전압차가 있으며 그 크기가 고도에 비례하여 달라진다는 사실은 잘 알려져 있다.

나는 최근의 실험에서 이와 관련하여 중요한 두 가지 사실을 발견했다. 그중 하나는 땅에서 수직으로 아주 높이 축을 세우고 여기에 전선을 감으면 지구의 자전운동이 원인으로 생각되는 전류가 전선에 생성된다는 사실이다. 전류가 공기 중으로 새어나가지만 않는다면 상당한 양의 전류가 끊임없이 전선을 타고 흐른다. 전기의 이러한 유출은 전선의 위쪽 말단의 면적이 넓고 날카로운 모서리가 많으면 더 많아진다. 그러므로 전선을 높게 세우기만 해도 전기에너지를 지속적으로 공급할 수 있다. 하지만 이런 방법으로 얻는 전기의 양은 많지 않다.

내가 확인한 두번째 사실은 상부 공기층은 항상 땅과는 반대 극의 전기를 띤다는 것이다. 그러므로 그러한 관찰로부터 지구가 바로 주위의 절연층, 그 바깥의 전도층으로 둘러싸인 강한 전하를 가진 축전지라고 생각할 수 있다. 그러므로 아주 높은 고도로 전선을 세울 수만 있다면 엄청난 전기에너지를 끌어내 인간을 위해 사용할 수 있다.

지금은 전혀 알지 못하는 다른 에너지원도 언젠가 나타날 것이다. 다른 수단 이용하지 않고도 자기력이나 중력 같은 힘을 응용하여 기계를 가동하는 방법을 찾을지도 모른다. 가능할 것 같지 않아 보이지만 완전히 불가능하지는 않다. 한 가지 예를 들어 가능한 것과 불가능한 것 사이를 살펴보자.

균일한 물질로 만든 원판이 땅 위의 수평 축 주위를 마찰이 전혀 없는 베어링에서 완벽한 형태로 회전할 수 있도록 장착되어 있다고 상상하자. 이러한 조건에서는 원판이 완전하게 균형을 이루고 어떤 위치에서도 정지 상태로 만들 수 있다. 이제 우리가 힘을 가하지 않아도 그와 같은 원판이 중력의 영향으로 끊임없이 회전하며 일을 수행하게 만들 방법을 찾을지 모른다. 그렇게 된다면 이것이 과학계가 '영구기관'이라 부르는 장치다. 자신의 동력을 자신이 만드는 것이다. 원판이 중력으로 회전하게 만들면 이 힘을 막아내는 차단막만 발명하면 된다. 그러한 차단막을 이용하여 중력이 원판의 반대쪽 절반에 작용하지 못하게 막으면 반대쪽도 따라서 회전할 것이다. 중력의 특성을 정확하게 규명하기 전까지는 그와 같은 가능성을 부정할 수 없다. 상공에서 지구의 중심을 향하는 공기의 흐름에 상응하는 운동으로 이러한 힘이 생긴다고 가정하자. 원판 양쪽 절반에 가해지는 그와 같은 공기 흐름은 동일할 것이므로 원판은 회전할 수 없다. 그러나 차단막을 이용해 원판 절반에 가해지는 공기 흐름을 막는다면 원판은 회전한다.

| 스스로 에너지를 얻어 작동하는 기계

내가 이러한 주제를 처음 듣고 진지하게 탐구하기 시작했을 때는 앞에서 언급한 여러 사실에 대해 아직 잘 몰랐지만, 주위 환경에서 에너지를 얻어 이용하는 다양한 방법이 있다는 확신이 생겼다. 하지만 완전한 해답에 도달하려면 기존의 방법과는 전혀 달라야 한다. 풍차나 태양열 혹은 지열 엔진은 얻을 수 있는 에너지의 양에 한계가 있다. 더 많은 에너지를 얻을 새로운 방법을 발견해야 한다. 주위에는 많은 열에너지가 있지만 지금까지 알려진 방법으로는 그중 매우 적은 부분만 엔진을 돌리는 데 이용할 수 있다. 그리고 그 에너지도 아주 느린 속도로 얻었다. 그러므로 주위 환경에서 열에너지를 더 많이 더 빠른 속도로 끌어낼 수 있는 새로운 방법을 발견하는 것이 과제다.

이런 개념을 현실화할 방법을 찾아보려 했으나 아무 성과가 없던 중 켈빈 경이 쓴 글을 읽게 되었는데, 죽은 메커니즘이나 기계로는 환경의 한 부분에서 열을 빼앗아 주위 온도보다 더 낮게 만들 수 없다는 내용이었다. 나는 여기에 주목했다. 그러면 살아 있는 존재는 그렇게 할 수 있다는 의미이기 때문이다. 이와 관련된 나의 경험으로는 살아 있는 존재는 자동화 기계(오토매톤, automaton), 즉 '스스로 작동하는 엔진'에 불과하다고 볼 수 있기에 나는 그렇게 작동하는 기계를 만들 수 있다고 결론 내렸다.

이를 실현하기 위한 첫 단계로 다음과 같은 메커니즘을 생각했다. 수많은 금속 막대를 지구에서 대기를 지나 외계 공간까지 연결한 서모파일(thermopile, 열전대열)이 있다고 상상하자. 열이 아래로부터 이런 금속 막대들을 따라 위로 전달되면 막대 아래 부분이 위치한 땅이나 바다 혹은 공기는 냉각된다. 그러면 잘 알려져 있듯이 그 결과로 이러한 막대에 전류가 순환할 수 있다. 이제 서모파일의 양 끝을 전기모터에 연결하면 모터가 가동되는데 이론상으로는 주위 대기가 냉각되어 외계공간의 온도 밑으로 내려갈 때까지 가동이 계속된다. 이것은 무생물 엔진이 환경의 일부에서 열을 빼앗아 주위보다 낮은 온도로 냉각시킬 수 있다는 증거다.

그러나 높이 올라가지 않고도 비슷한 조건을 만들 순 없을까? 쉽게 설명하기 위해 '그림 4'처럼 원통형 밀폐 공간 T를 생각하자. 에너지는 통로 O를 통과하는 외에는 다른 곳으로 전달되지 않는다. 그리고 어떤 방법을 써서 이 밀폐 공간 속의 환경에 에너지가 거의 없도록 만들고, 공간 밖의 환경은 많은 에너지를 가진 통상의 주위 환경 그대로 유지한다고 가정하자. 이러한 조건에서는 에너지가 화살표처럼 통로 O를 지나 흘러가며 그 통과 과정에서 다른 형태의 에너지로 전환된다. 이제, 이런 조건이 과연 가능할지 생각하자. 주위 환경의 에너지가 안으로 흘러들어갈 그와 같은 '밀폐 흡입공간'을 인공적으로 만들 수 있을까? 주어진 공간 안을 어떤 방법으로 극단적으로 낮은 온도로 만들 수 있다고 가정하면 주위 환경은 열을 뺏기게 되며 이것을 기계적 에너지와 같은 다른 형태의 에너지로 전환하

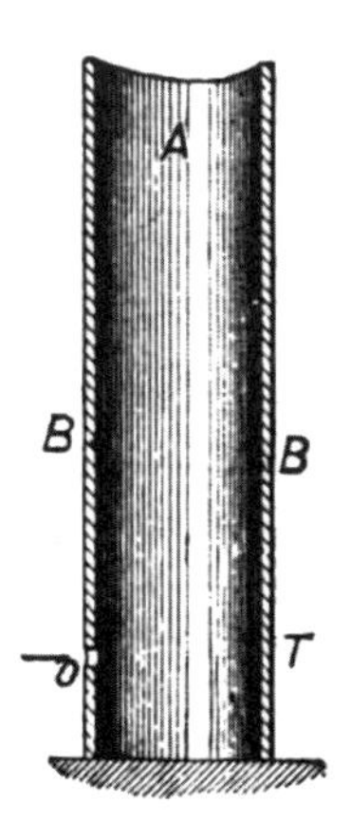

그림 4. 에너지가 거의 없는 주위 환경 A에서 에너지를 얻는다.
환경 B에는 에너지가 많다. O는 에너지의 이동 경로.

여 이용하는 것이다. 이런 계획이 현실화되면 지구의 어떤 지점에서도 밤낮으로 계속 에너지를 공급받도록 할 수 있다. 그리고 또 주위 환경의 순환을 빠르게 하여 에너지를 빠른 속도로 얻는 것도 가능하다고 생각된다.

만약 이와 같은 아이디어가 실현된다면 주위 환경에서 에너지를 얻는 과제가 깔끔하게 해결된다. 그러나 과연 실현이 가능할까? 나는 여러 방법으로 가능하다고 확신하는데, 다음과 같은 방법도 그중 하나다.

우리는 온도가 높은 장소에 있다. 해수면보다 상당히 높은 곳에 있는 산정호수의 수면과 비교할 수 있다. 해수면은 절대온도 0도에 해당하며, 별 사이의 공간이 이 온도다. 열은 물처럼 높은 곳에서 낮은 곳으로 흐른다. 그러므로 호수의 물이 바다로 흘러내려가게 하듯이 열도 지구 표면에서 하늘 위의 차가운 지역으로 올려보낼 수 있다. 그리고 열도 물처럼 낮은 곳으로 흐르며 일을 할 수 있다. 앞에서 기술한 것과 같은 서모파일을 이용해 주위 환경에서 에너지를 끌어낼 수 있다는 사실에 의문의 여지는 없다.

그러나 공간의 특정 부분을 차갑게 만들어 열이 그 속으로 끊임없이 흘러들어가게 할 수 있을까? 그러한 '밀폐 흡입공간' 혹은 '콜드홀'을 환경 내에 만드는 것은 호수 내부에 속이 비거나 물보다 가벼운 다른 어떤 물질이 들어찬 공간을 만드는 것과 같다. 호수에 수조를 넣고 수조 속의 물을 모두 빼내는 방법으로 이렇게 할 수 있다. 그리고 물이 다시 수조 속으로 들어갈 수 있게 하면, 이론적으로 수조에서 물을 빼내는 데 사용한 일과 정확하게 같은 양의 일을 수행할 수 있다. 일을 조금이라도 더 하는 것은 아니다. 결과적으로 이렇게 먼저 물을 들어올렸다 다시 내려가게 하는 이중 작업으로 얻는 이득은 전혀 없다. 즉, 환경 내에 그와 같은 수조를 만드는 것이 불가능하다는 의미다.

그러나 잠시 생각해보자. 열은 액체처럼 역학의 일반 법칙을 따르지만 액체와는 다르다. 열은 에너지의 한 형태로 높은 상태에서 낮은 상태로 떨어지면서 다른 형태의 에너지로 변화한다. 적절한 열역학적 비유를 위해 물이 수조 속으로 들어가면서 다른 어떤 것으로 바뀐다고 가정하자. 이 과정에 동력은 전혀 사용하지 않거나 아주 조금만 사용한다. 예를 들어, 이 비유에서 열이 호수의 물에 해당한다면 열이 뜨거운 상태에서 차가운 상태로 되면서 다른 형태의 에너지로 변화한 것이 물의 구성성분인 산소와 수소다. 이 과정에 열이 모두 다 다른 형태로 변화한다면, 낮은 곳에 도달하는 열은 없다. 모든 열이 다른 형태의 에너지로 변했기 때문이다.

이처럼 이상적인 경우라면 수조로 흘러들어가는 모든 물이 바닥에 닿기 전에 산소와 수소로 분해되고, 그 결과로 물은 끊임없이 흘러들지만 수조는 계속 완전히 빈 상태다. 생성된 가스가 탈출해 나가기 때문이다. 이렇게 되도록 하자면 처음에 일정량의 일을 투입하여 열 혹은 물이 안으로 흘러들러갈 수조를 만들면 그때부터 더 이상 일을 투입하지 않고도 에너지를 얻는 상태가 된다. 이것은 동력을 얻는 이상적 방법이다. 우리가 아는 한, 그와 같이 절대적으로 완벽한 열 변환 과정은 존재하지 않는다. 그렇기 때문에 열의 일부는 낮은 상태로 이동한다. 즉, 여기서 예로 든 열역학적 모형에서라면 물의 일부가 수조의 바닥에 도달하여 서서히 점차적으로 수조가 채워져서 계속해서 빼내야 한다. 그러나 흘러드는 양보다 빼내는 양이 적을 것은 분명하다. 말하자면, 초기 상태를 유지하는 데 필요한 에너지는 낙차로 얻는 에너지보다 적어서, 주위 환경에서 에너지를 얻는다고 할 수 있다. 흘러내리면서 변환되지 않는 부분은 그 자체의 에너지를 이용해 끌어올리고, 변환되는 부분은 분명히 에너지의 형태로 얻는다. 이렇게 내가 발견한 원리는 전적으로 낮은 곳으로 흐르는 에너지를 변환한다는 개념에 토대하였다.

| 자동 기계를 위한 첫걸음

나는 이러한 가능성을 확신하고, 이 개념을 실현할 수단을 구상했다. 그리고 오랜 고민 끝에 마침내 대기 중의 공기를 끊임없이 냉각시키는 공정을 통해 주위 환경에서 동력을 얻을 수 있는 장치를 구상했다. 이 장치는 지속적으로 열을 역학적인 일로 변환시키기 때문에 점점 더 차가워지며, 이런 방식으로 극저온에 도달할 수 있다면 열의 수조를 만들 수 있고 에너지를 주위 환경으로부터 얻게 된다. 이것은 앞에서 언급한 켈빈 경의 견해와 대립하는 것으로 보이지만 나는 그 이론으로부터 이러한 결과를 얻을 수 있다는 결론을 내렸다.

1883년 후반, 나는 이러한 결론에 도달하였는데 당시는 내가 파리에 있으면서 작년에 내가 발전시킨 발명 작업에 정신을 쏟고 있었다. '회전자기장'으로 알려진 발명이다. 그 후 몇 년 동안 나는 내가 생각한 계획을 더욱 정교히 다듬으며 그 작동 조건을 연구했지만 좀처럼 진전이 없었다. 나는 그 발명을 프랑스에서 상업적으로 생산하기 위해 내 모든 에너지를 쏟아붓다가 1889년부터는 스스로 작동하는, 즉 자동기계의 개념을 다시 연구하기 시작했다. 관계 이론을 면밀히 검토하고 계산한 결과, 내가 처음에 예상한 대로 보통의 기계로는 목표한 결과를 얻을 수 없는 것으로 나타났다.

그래서 나는 다음 단계로 일반적으로 '터빈'이라 부르는 유형의 엔진을 연구했다. 처음에는 나의 아이디어를 실현하는 데 훨씬 적당할 것으로 보였다. 그러나 곧 터빈 역시 맞지 않았다. 그러나 내 결론은 특수한 형태의 엔진이 고도로 완벽하다면 내가 구상한 계획을 실현할 수 있다는 것을 보여주었으므로 나는 그런 엔진 개발에 몰두하게 되었다. 가장 기본적인 목적은 열을 역학적 에너지로 변환할 때 최대한의 경제성을 확보하는 것이었다.

그 엔진의 구조적 특징은 작동하는 피스톤이 다른 어디에도 연결되지 않고 매우 빠른 속도로 완전히 자유롭게 진동하는 것이다. 이런 엔진을 만들 때의 기계적 어려움은 예상보다 컸기에 연구를 진행하는 진도는 매우 느렸다. 나는 이러한 연구를 1892년 초까지 계속하다가 런던에 가서 듀어 교수가 진행하던 액화 기체를 이용한 실험을 참관했다.

이전에 다른 사람도 액화 기체를 이용해 실험했는데 특히 폴란드의 화학자이며 물리학자인 카롤 올체프스키(Karol Olszewski)와 스위스 물리학자인 라울 픽테(Raoul Pictet)도 이 분야에서 초기에 중요한 실험을 수행했지만 듀어의 연구는 매우 정력적이어서 이미 알고 있던 사실도 새롭게 보일 정도였다. 그의 실험은 내가 상상한 방식과는 달랐지만 열을 역학적 일로 변환하여 극저온에 도달할 가능성을 확인해주었다. 나는 내가 목격한 실험에 크게 감명을 받고 미국으로 돌아왔으며 내 계획의 실현 가능성을 더욱 강하게 확신했다.

나는 일시적으로 중단한 연구를 다시 시작하면서 바로 매우 완벽한 상태의 엔진을 만들어 '기계적 발진기'라고 이름을 붙였다. 그 기계에는 패킹이나 밸브, 그리고 윤활제 등을 일절 사용하지 않았다. 피스톤에는 단단한 강철로 만든 축을 고정시켰지만 피스톤의 왕복 속도가 너무 빨라서 축이 피스톤을 따라 수직으로 진동하며 산산조각이 났다. 나는 이 엔진을 특별히 설계한 발전기와 연계하여 효율성이 높은 발전기를 만들었다. 그렇게 하면 일정한 진동수를 얻을 수 있기 때문에 진동수를 고정시킬 수 있고 물리량을 측정하고 판단하는 데 매우 유용하였다.

나는 이런 형태의 기계 여러 대를 '기계적 · 전기적 발진기'라는 이름으로 1893년 여름 시카고 세계박람회 전기분과에 전시했다. 당시 나는 몇 가지 시급히 해야 할 작업이 있어서 이 내용을 발표할 준비를 할 수 없었다. 그곳에서 내가 기계적 발진기의 원리를 공개했지만 이 기계의 원래 목적은 지금 처음 설명한다.

그 과정에서 가장 중요하게 생각한 것은 주위 환경에서 에너지를 얻어 사용하려면 다섯 가지 요소의 조합이 필수적이며 이들 각각은 새로 설계하여 완성해야 했다. 지금까지 누구도 만들지 못한 기계다. 기계적 발진기는 이러한 조합의 첫번째 요소이며, 이것을 완성한 후 나는 다음 단계로 공기압축기에 손을 댔다. 어떤 면에서 이것은 기계적 발진기와 유사한 구조다. 이때도 비슷한 어려움이 있었지만 정열적으로 밀어붙여서 1894년 말에는 이 두 가지 요소를 완성했다. 어떤 압력까지도 가능한 공기압축 장치를 만들었는데, 통상적인 것과 비교해도 매우 단순할 뿐만 아니라 크기도 작고 훨씬 효율적이었다.

이제 막 세번째 요소를 구성하기 시작했는데, 이것은 처음 두 요소와 함께 특별히 효율적이고 단순한 냉각 기계지만 내 실험실에 화재가 나는 바람에 지체되고 있다. 그 직후 독일인 기술자 카를 린데(Carl Linde) 박사가 자가 냉각에 의한 공기 액화를 발표하고 공기가 액화될 때까지 냉각하는 과정을 시연하였다. 나는 여전히 나 자신이 구상한 방법으로 주위 환경에서 에너지를 얻고자 했으며, 이것은 그와 관련되는 유일한 증명이었다. 자가 냉각 공정에 의한 공기 액화는 사람들이 생각하듯이 우연히 발견한 것이 아니다. 과학에 의한 결과다. 많이 늦어지긴 했지만 듀어 교수의 발견과 대동소이했을 것이다. 나는 이런 놀라운 성과는 아마도 이 위대한 스코틀랜드인 듀어 교수의 연구 결과가 결정적이었으리라 확신한다. 4년 동안 독일의 액화 공기 생산은 다른 어느 국가보다도 많았고 이 신기한 액체는 매우 다목적으로 이용되었다. 처음에는 여러 가지 기대가 많았지만 지금까지는 도깨비불에 지나지 않았다. 내가 완성하려는 기계를 사용하면 비용이 크게 낮아질 것이다. 하지만 그렇게 되더라도 상업적 성공은 미지수다. 온도가 불필요하게 낮기 때문에 냉각제로 이용하는 것도 경제적이지 못하다. 물체를 극저온으로 유지하는 것도 고온으로 유지하는 것과 마찬가지로 비용이 많이 들며, 공기를 차게 유지하려면 석탄이 필요하다.

산소 생산은 액체공기 이용 방법이 아직 전기분해 방법에 미치지 못한다. 폭발물로 이용하기에도 부적당한데 저온을 유지해야 하므로 효율성이 낮고 동력을 얻는 목적으로도 비용이 너무 높다. 그러나 액체 공기로 엔진을 가동하면 엔진으로부터, 즉 엔진의 온도를 유지하는 주위 환경으로부터 일정량의 에너지를 얻는 데 주목할 필요가 있다. 실제로 이런 엔진을 이용하면 약 200킬로그램의 주철마다 한 시간에 1마력 정도의 효율로 에너지가 생성되는 것에 해당한다. 그러나 소비 단계에서 이와 같은 에너지 이득은 생산 단계에서 소실되는 동일한 양의 에너지로 상쇄된다.

내가 긴 시간 동안 연구한 과제들 중에는 아직 해결하지 않은 것이 많다. 보완해야 할 기계적 상세 사항도 있으며, 여러 형태의 어려움도 극복해야 한다. 내가 예상하는 여러 조건이 현실화되더라도 당분간은 주위 환경에서 에너지를 얻는 자동기계를 만들 수 있을 것 같지 않다. 많은 일이 일어나 내 연구가 지연되었지만 몇 가지 이유로 이와 같은 지체가 오히려 도움이 되었다. 그중 한 가지 이유는 내가 이런 연구 개발의 궁극적 가능성에 대해 생각할 시간이 많아졌다는 것이다. 나는 태양에서 에너지를 얻는 이러한 방법이 실제로 현실화되면 그 산업적 가치는 어마어마할 것이라고 확신하고 오랜 시간 연구를 해왔다. 그러나 이 주제에 대해 계속 연구한 결과 내 예상이 맞는다면 상업적으로 이익은 되겠지만 그렇게 큰 이익은 아닐 것이라는 사실을 알게 되었다.

| 실험에서 밝혀진 지구를 이용한 에너지 무선전송

또 다른 이유는, 주위 환경을 이용해 전기에너지를 전송하면 인간을 위한 태양에너지 이용에 장애가 되는 커다란 문제를 가장 확실하게 해결할 수 있다는 인식이 든 것이다. 과거에 나는 산업에 이용할 수 있는 규모의 에너지를 그 같은 방식으로 전송하는 것은 불가능하다고 생각했다. 하지만 내가 발견한 사실에 근거해 그런 생각을 바꾸게 되었다. 나는 대기가 보통 상태에서는 고도의 절연체이지만 특정한 조건에서는 전도체로 작동하여 전기에너지를 양적 제한 없이 전달할 수 있다는 사실을 관찰했다. 그러나 이와 같은 발견을 전기에너지 무선송전이라는 형태로 실용화하는 데는 매우 큰 어려움이 있었다.

전압을 수백만 볼트로 높여야 하는데 그러자면 이러한 전압을 감당할 수 있는 새로운 발전장치를 만들어야만 했다. 전기적 스트레스를 견디면서 완전한 안전을 확보해야 했다. 이 모든 것이 몇 주나 몇 달 혹은 몇 년 안에 될 일은 아니었다. 인내와 집중이 필요했다. 시간이 걸렸지만 진전은 있었다. 그러나 연구를 오랫동안 계속하는 과정에서 가치 있는 또 다른 성과를 얻었는데, 여기에 대해서도 그 성취 순서에 따라 중요한 성과들을 설명하겠다.

공기가 가진 전기 전도성은 예상 밖의 발견이지만, 내가 그 이전 몇 년 동안 특수하게 해왔던 실험의 결과다. 1889년으로 기억하는데, 극히 빠른 전기적 진동을 사용한 실험에서 어떤 가능성이 보여서 나는 이를 깊이 탐구하기 위해 몇 가지 특수 장치를 설계했다. 그 기계장치 제작에는 특수한 요건이 있어서 크게 어려웠으며 많은 시간과 노력이 필요했다. 그러나 그 작업에 대한 보상으로 나는 여러 가지 새롭고도 중요한 결과를 얻었다.

이러한 기계장치를 이용해 초기에 관찰한 결과들 중 하나는 극히 높은 주파수의 전기적 진동은 인체 장기에 특수한 형태로 작용한다는 사실이다. 예를 들어, 수십만 볼트의 강력한 방전이 당시에는 치명적인 위험으로 간주되었지만, 실제로는 인체를 통과해도 어떤 불편함이나 유해한 영향을 전혀 주지 않는 것으로 나타났다. 내가 이러한 진동이 다른 어떤 생리학적 효과를 발생시키는 것으로 보인다고 발표하자, 의사들이 이 내용에 주목하고 깊이 연구하기 시작했다.

이러한 새 분야에서는 기대 이상의 성과를 얻었는데, 그 후 몇 년 동안 빠르게 발전하여 지금은 관련 법률이 제정되고 의학에서 중요한 과목이 되었다. 당시에는 불가능하다고 생각한 많은 성과를 지금은 이러한 전기 진동을 이용하여 얻을 수 있으며, 당시에는 꿈에 지나지 않던 실험도 지금은 이 방법으로 쉽게 수행한다.

9년 전, 한 학술회의에서 강력한 고주파수 전류를 유도코일로 방전시켜 내 몸을 통과시키면서 그 안전성을 입증했을 때의 감격을 나는 아직도 기억한다. 그때 참석자들의 얼굴에 나타난 놀란 표정을 지금도 그릴 수 있다. 지금은 나이아가라에서 가동 중인 4만 혹은 5만 마력 발전기가 내보내는 전기에너지 전부를 내 몸으로 통과시키는 실험을 하더라도 거의 걱정하지 않는다.

나는 내 손에 부착된 전선을 녹일 정도로 강력한 전류를 내 팔과 가슴으로 통과시키면서도 아무런 불편감이 느껴지지 않는 전기적 진동을 발생시킬 수 있다. 나는 그러한 진동을 이용해 무거운 구리 전선 코일에 강력한 에너지를 갖게 하였는데, 금속괴나 인체 조직보다 저항이 훨씬 큰 물체를 코일 내부나 그 근처에 놓으면 고온으로 가열되어 녹거나 폭발할 정도로 강력했다. 이런 파괴적인 장치의 공간 안으로 내 머리를 반복해서 밀어 넣었지만 어떤 느낌도 없었으며 아무런 후유증도 남지 않았다.

좀 더 경제적인 새로운 방법으로 빛을 만들 수 있던 이유는 그와 같은 진동을 이용해 관찰한 또 다른 결과인데, 진공관을 이용하는 이상적인 전기조명 시스템으로 이어졌다. 그러면 전구나 백열 필라멘트를 교체할 필요가 없고, 어쩌면 건물의 내부는 무선으로도 가능했다. 이러한 조명시스템의 효율성은 진동수에 비례하여 높아지며, 따라서 이를 상업화하여 성공하려면 초고주파수의 전기적 진동을 경제적으로 발생시킬 수 있어야 했다. 이런 방면으로 나는 최근에 만족할 정도의 성공을 거두었으며, 이와 같은 새로운 조명시스템을 실용화할 날이 머지않았다.

연구를 계속하면서 다른 여러 가지 중요한 결과를 관찰했는데, 그 중에서도 회송선 없이 하나의 전선을 이용한 전기에너지 공급 가능성을 확인한 것이 가장 중요하다. 처음에는 이 새로운 방법으로 아주 소량의 전기에너지만 전송할 수 있었지만 계속해서 연구한 결과 상당한 성공을 거두었다. 보통 백열등은 그 단자 하나 혹은 양쪽 단자가 코일 끝의 열린 말단을 구성하는 전선에 연결되어 전기 발진기로부터 코일을 통해 전해지는 전기적 진동으로 불이 들어온다. 하지만 이런 형태는 발진기 전체 능력의 0.2퍼센트밖에 사용하지 못한다.

'그림 5'는 그 제목이 설명하듯이, 여러 장치를 이용해 이와 같은 방식의 전송이 실제로 가능함을 보여준다. 1891년 과학 학술회의에

그림 5. 회송선이 없는 단일 전선을 이용해 전기에너지를 공급하는 실험

서 나의 장치를 이용해 처음으로 행한 시연에서는 겨우 한 개의 전등을 켰지만(그것도 매우 경이적인 결과로 간주되었다), 차츰 완성도를 더하여 이제 나는 전등 400개나 500개를 어려움 없이 밝힐 수 있으며 그보다 훨씬 더 많은 수도 가능하다. 사실, 이 방법으로 어떤 전기 장비든 전기에너지 양을 제한 없이 공급하여 작동할 수 있다.

사진 속의 코일은 아래 말단, 즉 단자를 땅에 연결하고 이것은 멀리 있는 전기 발진기의 진동에 정확하게 맞춘다. 별도의 전선 코일 내에서 밝혀진 전등은 발진기에서 땅을 통해 전송된 전기적 진동으로 에너지를 받은 코일에서 유도된 전류의 작용이다. 이때도 그 전체 역량의 5퍼센트만 작동된다.

이와 같은 방법에 의한 전송의 실용화 가능성을 실험으로 제시한 다음에 나는 자연스럽게 지구를 전도체로 사용할 생각을 했다. 전선을 일절 사용하지 않는 것이다. 전기의 정체가 무엇이든 압축 불가능한 유체와 같이 행동하는 것은 사실이며, 지구는 거대한 전기 저장고로 생각한다. 그리고 내 생각에 적절히 설계한 전기 기계만 있으면 그 저장고를 효과적으로 교란시킬 수 있다. 따라서 내 연구는 지구에 전기 교란을 효과적으로 만들 수 있는 특수 장치를 완성하는 방향으로 전개되었다.

이와 같이 새로운 방향의 연구는 성과 없이 매우 느리게 진전했지만 마침내 새로운 유형의 변압기, 즉 유도코일을 완성하는 데 성공했다. 이러한 특수 목적에 특히 적합한 형태였다. 이 방법을 실제 적용하여, 내가 처음에 생각한 것과 같이 작은 전기 장치로 작동하는

그림 6. 지구를 통한 전기에너지의 무선 전송을 보여주는 실험

소량의 전기에너지 전송이 가능할 뿐만 아니라 상당히 많은 양의 전기에너지도 전송할 수 있었다. '그림 6'은 이와 동일한 장치를 사용하여 수행한 이런 유형의 실제 실험 모습이다. 여기서 얻은 결과는 효과를 증폭하기 위해 코일 상단을 전선이나 전극판에 연결하지 않아도 될 정도로 성공적이었다.

| 무선전신 - 튜닝(동조)의 비밀 - 헤르츠 방식 연구의 오류 - 놀라운 민감도의 수신기

앞에 소개한 방향으로 실험을 거듭한 결과 최초로 얻은 성과는 무선전신 시스템이며 1893년 2월과 3월에 나는 두 차례에 걸친 과학 강

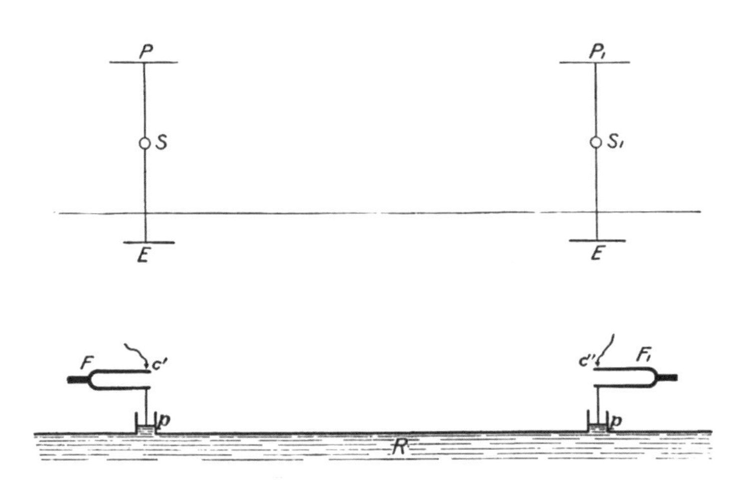

그림 7. 무선전신의 방법을 개략적으로 설명한 그림

연에서 이 내용을 설명했다.

'그림 7'은 이 시스템을 개략적으로 설명하고 있다. 위 부분은 내가 당시의 강연에서 설명한 전기 배치도이며 아래 부분은 그에 상응하는 역학적 모형이다. 그 시스템은 원칙적으로 매우 간단하다. 두 개의 소리굽쇠 F_1과 F_2를 상상하자. 하나는 전송 기지국, 다른 하나는 수신 기지국에 있으며, 그 각각의 아래쪽 날에는 실린더 속의 피스톤 p가 부착된다. 두 개의 실린더는 모두 커다란 저장고 R과 커뮤니케이션하는데, 저장고는 가볍고 압축 불가능한 유체로 가득 차고 탄력성 벽은 닫혀 있다. 소리굽쇠 F의 날 하나를 반복적으로 두드리면 아래에 위치한 작은 피스톤 p가 진동하고, 그 진동은 유체를 통해 전송되어 떨어진 곳에 있는 F_1에 도달한다. F_1이 F에 '튜닝(동조)'되는 것이다. 이제 F_1 굽쇠가 진동하는데, 그 진동은 떨어진 F의 계속적 작용에 의해 더 강화되어서, 굽쇠의 윗날이 더 멀리 흔들려서 c″와 정지 연결이 이루어진다. 이런 방식으로 전기장치가 신호를 기록할 수 있을 것이다. 이와 같이 간단한 방식으로 두 기지국 사이에는 메시지를 교환할 수 있으며, F의 윗날에 근접한 c′에도 이와 비슷한 연결이 생길 수 있으므로, 각 기지국의 장치가 이제 수신기와 송신기 역할을 서로 바꾸게 된다.

'그림 7'의 윗부분에 제시한 전기시스템의 원리는 정확하게 이와 동일하다. 두 개의 전선 혹은 회로 ESP와 $E_1S_1P_1$은 피스톤이 부착된 두 개의 소리굽쇠를 나타내며 수직으로 확장된 것이다. 이러한 회로는 전극판 E와 E_1으로 땅과 연결되고 위의 금속판 P 및 P_1에 연결되는데, 여기는 전기가 저장되고 따라서 그 효과가 크게 증폭한다. 탄성 벽을 가진 닫힌 저장고 R은 이 경우에 지구로 대체되고 유체는 전기로 대체된다. 이 두 회로는 모두 '튜닝(동조)'되고 두 개의 소리굽쇠처럼 작동한다. 송신 기지국의 소리굽쇠 F를 두드리는 대신에 수직 송신 혹은 전송선 ESP에서 이 전선에 포함된 발생기 S의 작용에 의해 전기적 진동이 생성되는데, 이것은 땅을 통해 전파되어 멀리 떨어진 수직 수신선 $E_1S_1P_1$에 도달하고 여기서 동일한 전기적 진동이 발생한다. 이 수신선 혹은 수신 회로에는 민감한 장치, 즉 수신기 S_1가 있어 이것이 작동하여 다른 전기장치를 움직이거나 연결해준다. 물론, 각각의 기지국에는 전기적 진동의 발생기 S 및 민감한 수신기 S_1가 있으며, 이러한 간단한 구조에서 두 개의 회로가 교대로 메시지 전송과 수신에 이용되는 것이다.

그림 8. 전기적 진동에 반응하는 코일의 사진

'그림 8'의 사진 속 코일은 전기 발진기에서 땅을 통해 전송된 진동에 서로 다르게 반응하고 동조한다. 강하게 방전하고 있는 오른쪽 대형 코일은 기본 주파수로 맞춰지고 그 진동수는 초당 5만 회다. 수직으로 배치된 두 개의 대형 코일 동조 주파수는 그 두 배이며, 소형 흰색 전선 코일의 동조 주파수는 네 배, 나머지 작은 코일은 주파수가 더 높이 동조한다. 결과적으로, 발진기에서 생성된 진동의 주파수가 매우 높아져서 작은 코일은 26배 높은 주파수에 동조하게 되는 것이다.

두 회로가 정확하게 동조하면 여러 가지 이득이 있는데 이 시스템을 실용화하는 데 이러한 동조는 필수적이다. 이와 관련해 흔히들 여러 가지 오류를 범하는데, 회로와 장치 자체가 이런 형태만 갖추면 어떤 회로나 이와 같은 특성을 만들어낼 수 있다고 주장하는 경우가 대표적이다. 그러나 이렇게 되는 것은 명백히 불가능하다. 각각의 전선 혹은 회로의 지면 연결 지점에서 최상단까지 길이가 전선 내 전기적 진동 파장의 1/4이나 그 홀수 배가 되어야만 원하는 결과를 얻을 수 있다. 이와 같은 원칙을 무시하면 메시지의 프라이버시 보호와 혼신 방지가 실질적으로 불가능하다. 이것이 동조라는 작용의 비밀이다. 그러나 진동의 진폭이 너무 크면 원하는 결과를 얻지 못할 수 있기 때문에 진폭은 낮게 조절할 필요가 있다. 실험에 흔히 이용되는 헤르츠의 스파크 장치는 매우 빠른 속도의 진동을 생성하지만, 그 진동에 효과적인 동조를 발생시키는 것은 사실상 어렵다. 약간의 방해만 있어도 메시지의 교환이 불가능할 수 있다. 그러나 과학적으로 설계하여 효율적인 장비가 있으면 거의 완벽하게 조정할 수 있을 것이다. '그림 8'은 이렇게 개량한 장비로 반복해서 실험하는 장면이다.

내가 이처럼 간단한 무선전신의 원리를 설명한 이후 자주 지적받게 된 부분이 있다. '헤르츠'파를 이용하면 분명히 매우 먼 거리까지 신호를 보낼 수 있는데, 나도 이와 동일한 요소와 특성을 이용하는 것이 아니냐는 주장이다. 이것은 뭘 모르는 물리학자들이 제기하는 여러 오해 중 하나일 뿐이다. 약 33년 전 스코틀랜드 물리학자 제임스 맥스웰(James Maxwell)은 1845년에 마이클 패러데이(Michael Faraday)가 한 아주 시사점이 많은 실험을 되풀이하면서 간단한 이론 하나를 발전시켰다. 그는 빛, 복사열, 그리고 전기현상을 하나로 연결하여 이 모두를 우리가 인지할 수 없을 정도로 옅은 가상의 유체, 즉 에테르의 진동이라고 해석했다. 그러나 이를 실험적으로 증명하진 못했는데, 독일의 물리학자 하인리히 헤르츠(Heinrich Hertz)가 동시대 생리학자인 헤르만 폰 헬름홀츠(Hermann von Helmholtz)의 제안에 따라 이 효과에 대해 일련의 실험을 수행했다.

헤르츠는 특별한 재능과 통찰력이 있지만 자신이 오래전부터 사용하던 장치를 완벽하게 개량할 생각을 하지 않았다. 그 결과 자신의 실험에서 공기가 끼치는 중요한 기능을 관찰하지 못했고 결국 내가 발견하게 되었다. 나는 그의 실험을 되풀이하여 다른 결과를 얻고 이 문제를 과감하게 지적했다. 헤르츠가 맥스웰 이론을 입증한 증거가 힘을 갖자면 그가 증명에 이용한 회로의 진동수를 정확하게 추정해야만 한다.

그러나 나는 헤르츠가 실험에서 자신이 생각한 진동수를 얻지 못했다고 확신한다. 그가 이용한 것과 동일한 장치로 발생하는 진동은 대부분 훨씬 느린데 이것은 공기의 저항 때문이다. 소리굽쇠의 진동을 유체가 억누르듯이 공기는 빠르게 진동하는 고압의 전기회로를 억제하는 효과를 나타낸다. 그러나 그 이후 나는 오류의 다른 원인을 찾아냈으며 오래전에 그의 실험 결과를 맥스웰 이론의 증명으로 생각하지 않게 되었다. 그 위대한 독일 물리학자의 연구는 동시대의 전기학 연구에 커다란 자극제가 되었지만 어떤 면에서는 그 성과만큼이나 과학적 사고를 마비시키고 의문 제기를 차단하는 결과도 초래했다. 발견된 새로운 현상을 이론에 맞추려고 진실을 의도적으로 왜곡할 때가 매우 많다.

그림 9. 앞에서 설명한 실험에 이용된 전기적 발진기의 중요 부분

나는 이와 같은 전신 시스템을 발전시키며 지구나 주위 환경을 통해 거리에 관계없이 커뮤니케이션하는 데 정신을 몰두했다. 나는 이 실현을 무엇보다 중요하다고 생각했는데 누구에게나 골고루 도움을 준다는 도덕적 효과가 가장 큰 이유였다.

이와 같은 목표를 향한 첫번째 노력으로 당시 나는 동조회로가 있는 중계국 설치를 제안했다. 이렇게 하면 아주 먼 곳까지 신호를 보낼 수 있을 것으로 기대하고, 당시 내가 사용할 수 있는 동력장치만으로도 가능할 것이라 생각했다. 그러나 나는 잘 설계된 기계장치가 있으면 지구상 어느 지점으로나 거리에 관계없이 신호를 전송할 수 있고 그와 같은 중계국을 이용할 필요가 없다고 확신했다. 이와 같은 확신은 한 가지 전기적 현상의 발견에 근거하는데 이에 대해서는

1892년 초에 해외 과학학술회의의 강연에서 설명했다. 나는 이를 '회전 브러시'라 이름 붙였다.

이것은 특정 조건에서 진공전구 내에 형성된 빛의 다발로서, 약한 전기나 자기의 영향에도 민감하여 초자연적인 현상으로 보일 수 있다. 이와 같은 빛의 다발은 지구 자기장에 의해 급속히 회전하는데 그 속도는 초당 2만 회에 달한다. 이러한 회전은 지구의 북반구에서와 남반구에서는 회전방향이 정반대다. 자기장의 적도 지역에서는 회전이 없다. 달성하기 어렵지만 민감도가 가장 높은 상태에서는 전기나 자기의 영향에 믿기 어려울 정도로 예민한 반응을 보인다. 팔 근육이 수축하는 것만으로 그로부터 떨어진 곳에 서 있는 관찰자의 몸에 미세한 전기적 변화가 일어날 정도로 민감하다. 이 정도로 민감한 상태가 되면 지구에서 일어나는 미세한 전기적 · 자기적 변화까지도 알아차릴 수 있다. 나는 이처럼 놀라운 현상을 관찰하고 지구와 그 주위 환경의 전기적 · 자기적 상태를 아주 작게라도 변화시킬 수 있는 장치를 완성한다면 그것을 도구로 이용하여 거리에 구애받지 않는 통신이 쉬울 것이라고 확신했다.

| 행성 사이의 통신이 가능해지다

나는 큰 희생을 감수해야 했지만 이러한 모험적인 과제에 모든 노력을 집중했다. 아무리 힘든 어려움이라도 몇 년 동안 계속 파고들면 극복할 수 있다고 생각했다. 시간은 지체되었지만 연구 방향은 옳다고 확신했다. 그와 같은 특수 목적에 필요한 강력한 전기적 진동을 만들 효율적인 장치가 문제해결의 열쇠이기 때문이다. 거리에 관계없는 무선통신뿐만 아니라 거대한 양의 에너지 전송, 대기 중의 질소 연소, 효율적인 광원 확보, 그리고 과학적으로나 산업적으로 무한한 가치를 지닌 다른 여러 결과를 얻었다. 그러나 궁극적으로 나는 새로운 원리를 사용하여 과제를 완수하면서 가장 큰 만족감을 느꼈다. 축전기의 놀라운 특성을 토대로 한 원리였다.

그러한 특성들 중 하나가 축전기는 저장한 에너지를 매우 짧은 시간에 방전, 즉 폭발시키는 것이다. 그렇기 때문에 그 폭발력과 비교할 수 있는 것이 없다. 다이너마이트의 폭발력은 축전기 방전에 비하면 감기 환자의 기침에 불과하다. 강력한 전류와 최고 전압을 생성하고, 주위 대기가 극도의 전하를 띠게 하는 수단이 될 수 있다. 축

그림 10. 강력한 전기 발진기의 유도효과를 보여주는 실험

전기의 또 다른 특성은 원하는 그 방전이 어떤 속도로도 진동할 수 있다. 진동수가 초당 수백만 회까지 가능한데 이것도 폭발력과 동일한 가치가 있다.

다른 방법으로는 얻을 수 있는 진동수가 한계에 달했을 때 축전기를 이용할 생각을 했다. 나는 단단한 전선을 많이 감은 코일을 이용해 그 장치가 축전과 방전을 고속으로 되풀이할 수 있도록 배치하여 변압기의 1차 코일 및 유도코일을 구성했다. 축전기가 방전할 때마다 1차 전선에서 전류가 진동하며 2차 코일에서 그에 대응하는 진동을 유도한다. 이것으로 새로운 원리를 적용하는 변압기, 즉 유도코일을 개발했으며, 나는 이를 '전기적 발진기'라 불렀다. 다른 방법으로는 불가능했던 결과를 축전기의 고유한 특성을 이용하여 얻었다.

완벽한 이런 유형의 장치를 이용해 이전에는 꿈도 꿀 수 없던 특성과 강도의 전기적 효과를 이제는 쉽게 얻게 되면서 '그림 6'에서 보듯이 전기장치의 필수적 요소가 되었다. 어떤 경우에는 강력한 유도효과가 필요하지만 다른 상황에는 최대한의 즉시성이 필요하다. 그리고 또 다른 경우에는 특별히 높은 진동수나 극단적 전압이 목적이며, 강력한 전기적 운동을 목적으로 하는 상황도 있다. '그림 7, 8, 9, 10'은 그와 같은 발진기를 이용한 실험으로, 이러한 특성들을 보여주며 실제로 어느 정도의 효과를 나타내는지 짐작할 수 있다.

각각의 그림 제목을 보면 더 이상의 설명이 필요 없다. 사진은 하나의 전선으로 구성되어 양측에 각각 4.6제곱미터 크기의 코일에서 유도한 전류로 불을 켠 촛불 밝기의 백열등 세 개를 보여준다. 발진

그림 11. 발진기가 거대한 폭발력을 발산하는 실험

기에서 에너지를 받은 1차 회로로부터 30미터 떨어진 곳에 위치한 전등도 있다. 이 회로에는 축전기도 포함되는데 이것은 발진기의 진동에 정확하게 동조한다. 하지만 수행하는 일은 그 전체 처리 능력의 5퍼센트도 채 안 된다.

'그림 11'을 보자. 사진에 일부만 보이는 코일에서 전기적 운동이 만들어지고 있는데, 초당 10만 회의 속도로 방향이 계속 변하며, 지표에서 거대한 저장고로 향하고 다시 반대방향을 향한다. 변할 때마다 저장고는 전기로 가득 찼다가 전기적 압력이 최고에 달하는 순간 폭발적으로 방전한다. 귀가 멍멍할 정도의 소리와 함께 방전이 일어나며 7미터 떨어져 연결되지 않은 코일을 때린다. 지표에서 일어난 그와 같은 전기적 흥분으로 연구실에서 91미터 떨어진 급수관에서

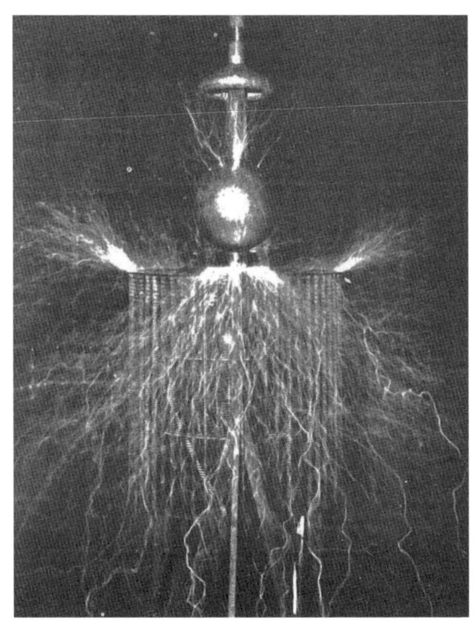

그림 12. 발진기가 강력한 전기적 운동을 생성하는 실험

2.5센티미터 길이의 스파크가 발생했다. 사진에서 보이는 구는 그 표면적이 1.9제곱미터이며 금속 코팅이 되어 있는데 대형 전기 저장고에 해당하며, 그 아래에 있는 거꾸로 세운 날카로운 테두리의 양철 팬은 저장고를 채우기 전 전기가 방출될 수 있는 거대한 출구다. 움직이는 전기의 양은 매우 많아서 대부분은 팬의 테두리, 즉 출구를 통해 방출되지만 구, 즉 저장고는 전기를 모두 방출한 후 다시 넘쳐흐를 정도로 전기 채우기를 반복한다(구의 윗부분에서 방출되는 전기를 보면 분명하다). 그 반복 속도는 초당 15만5000회에 이른다.

가열된 공기로 인해 강하게 끌려가는 모양의 방전은 열린 지붕을 통해 위로 향한다. 지름이 가장 큰 경우는 거의 21미터에 달한다. 전

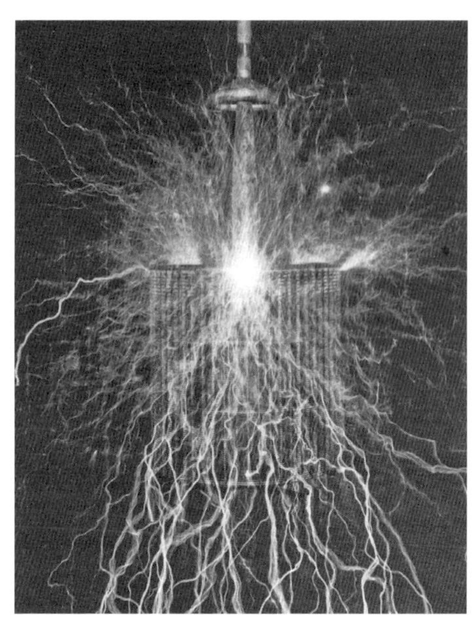

그림 13. 에너지를 7만5000마력의 속도로 방출하는 전기 발진기의 작용을 보여주는 사진

압은 1200만 볼트를 넘고 전류는 초당 103만 회 속도로 흐름의 방향을 바꾼다.

이것은 아주 특별한 현상처럼 보이지만 이와 동일한 원리로 설계한 다른 장치에서 얻을 수 있는 결과에 비하면 하찮다. 내가 생성한 방전은 끝에서 끝까지의 길이가 30미터를 넘었다. 하지만 길이가 그보다 100배 이상인 방전도 어렵지 않다. 나는 거의 10만 마력에 달하는 속도로 전기적 운동을 만들었지만 100만, 500만 혹은 1000만 마력에도 쉽게 이를 수 있다. 이러한 실험 결과는 인류 역사의 어떤 생산물보다 큰 역할을 할 수 있지만 아직은 그 태동 단계다.

그와 같은 장치를 이용하는 무선통신은 지구상 어느 지점으로나 시연이 필요 없을 정도로 실현 가능하다. 하지만 내가 이러한 무선통신을 절대적으로 확신하게 된 하나의 발견이 있다. 쉽게 설명하면 다음과 같다. 우리가 큰 목소리를 내고 메아리가 들려온다면 그 목소리는 멀리 떨어진 담이나 어떤 장벽에 닿고 그곳에서 다시 돌아온 것이다. 바로 목소리처럼 전기적 파장도 이렇게 반향이 되며, 소리가 되돌아와서 메아리로 들리듯, 전파가 반향이 되면 '정재파(定在波, 정상파)'로 알려진 현상이 생긴다. 즉, 진동의 마디점이 고정된 파장이다. 나는 먼 곳의 벽으로 소리 진동을 보내는 대신, 지구상의 먼 곳으로 전기적 진동을 보냈고, 벽 대신에 지구가 반향을 만들었다. 메아리가 들리는 대신 나는 정재파를 얻었다. 멀리서 반향이 된 파장이다.

지구상의 정재파는 거리에 관계없는 무선전신 이상의 의미가 있다. 여러 가지 중요한 효과를 얻을 가능성을 열어주었다. 예를 들어, 정재파를 이용하면 송신 기지국에서 지구상의 특정 지역 어느 곳에나 전기적 효과를 발생시킬 수 있으며, 바다를 항해하는 선박처럼 움직이는 물체의 상대적 위치 혹은 경로, 그리고 그 거리나 속도도 확인할 수 있다. 그리고 거북이걸음에서 광속까지 원하는 어떤 속도로도 전파를 지상으로 보낼 수 있다.

이러한 발전으로 볼 때, 앞으로 멀지 않은 장래에 바다를 건너는 거의 모든 전신 메시지가 케이블 없이 전송이 될 것은 거의 확실하다. 단거리 통신에는 '무선' 전화가 사용될 것인데 전문가가 아니라도 누구나 작동할 수 있을 것이다. 더 넓은 지역을 잇기 위해서도 무선통신이 더 필요하다. 케이블은 쉽게 파손될 뿐만 아니라 케이블 구조 자체가 가지는 전기적 특성 때문에 전송 속도에도 한계가 있다. 무선전송용으로 잘 설계된 시설이라면 처리 능력이 케이블의 몇 배가 되지만 그 비용은 훨씬 적을 것이다. 오래지 않아, 케이블 통신은 퇴물로 전락하고, 이처럼 새로운 방법을 이용한 신호전송이 더 빠르고 비용이 적게 들뿐만 아니라 훨씬 더 안전할 것이다. 메시지를 암호화하는 새로운 방법이 등장하여 프라이버시도 거의 완벽하게 보호될 것이다.

위에서 설명한 무선기술을 내가 직접 관찰한 것은 최고 약 970킬로미터 이내였지만 이론적으로는 그러한 발진기로 생성할 수 있는 진동에 한계가 없다. 나는 그와 같은 장치를 이용해 바다를 건너는 무선통신을 실현할 것이라 확신한다. 그리고 이뿐만이 아니다. 내가 측정하고 계산한 바로는 이러한 원리를 이용해서 우리 지구에 전기적 움직임을 만들어 금성이나 화성 같은 인근의 다른 행성에서도 인식하게 할 수 있다. 그러므로 행성 간의 통신이 단순한 가능성에서 이제 실현의 단계로 진입했다. 사실, 이 새로운 방법을 이용해, 즉 지구의 전기적 상태를 교란시켜서 이러한 행성들 중 하나에 뚜렷한 효과를 나타낼 수 있는데 이는 의심의 여지가 없다. 그러나 이러한 방법의 통신은 지금까지 과학자들이 제안했던 다른 모든 방법과는 근본적으로 차이가 있다. 이전까지는 모두 행성에 도달하는 에너지 중 극히 일부만(반사경으로 모을 수 있는 범위에서만)을, 그 행성에 존재할 것으로 추정되는 관찰자가 자신의 도구로 받아서 활용할 수 있었다. 그러나 내가 개발한 도구를 이용하면 그 행성에 전송된 전체 에너지

중 훨씬 많은 부분을 관찰자 자신의 도구로 집중해 받을 수 있으며, 따라서 그것을 사용할 가능성은 수백만 배 늘어난다.

필요한 만큼의 힘을 가진 전기적 진동을 만들어내는 기계 외에도 지구에 미치는 미세한 영향의 결과를 찾아낼 수 있는 정밀한 도구도 확보해야 한다. 나는 이러한 목적으로 새로운 방법을 개발했다. 이를 이용하면, 한 가지 예를 들면, 바다의 빙산과 같은 물체를 상당히 먼 거리에서도 감지할 수 있다. 그리고 나는 아직 설명되지 않는 지구상의 몇 가지 현상도 발견했다. 우리가 다른 행성에 메시지를 보낼 수 있는 것은 확실하며, 다른 행성으로부터 그에 대한 대답을 얻을 가능성도 있다. 정신이라는 고귀한 선물을 받은 존재는 우리 인간만이 아니다.

| 어떤 지점으로든 무선으로 전기에너지 전송하기 - 인간 질량을 가속화하는 힘을 높이는 최선의 방법

이러한 연구 과정에서 관찰하여 나타난 가장 중요한 결과는 과잉의 기전력을 가진 전기 임펄스에 대하여 대기가 매우 특별한 움직임을 보인다는 것이다. 실험에서는 통상의 대기압에서 공기는 뚜렷하게 전도성을 띠었으며, 이것은 산업적 목적에서 많은 양의 전기에너지를 먼 거리까지 무선으로 보낼 수 있다는 기대를 갖게 했다. 그때까지는 아직 과학적 몽상으로 간주된 가능성이었다. 연구를 거듭한 결과 수백만 볼트의 전기 임펄스에 의해 공기가 가지게 된 전도성은 대기가 희박해지는 고도로 올라갈수록 급속하게 증가한다. 따라서 우리가 쉽게 닿을 수 있는 중간 고도의 공기층은 완벽한 전도성을 가지며 이런 특성의 전류에 대해서는 구리선보다 더 우수했다. 그리고 이것은 실험에서도 확인했다. 그러므로 대기의 이러한 특성을 새로 발견한 것은 많은 양의 에너지를 무선으로 전송할 수 있는 가능성을 열어주었을 뿐만 아니라, 이런 방법으로 에너지를 경제적으로 전송할 수 있다는 확신을 갖게 했다. 이러한 새로운 시스템은 거리가 몇 킬로미터든 아니면 수천 킬로미터든 전혀 문제되지 않는다.

나는 아직 산업적으로 의미가 있는 많은 양의 에너지를 먼 거리까지 이 새로운 방법으로 실제로 전송하진 못했지만, 이런 종류의 여러 모델 설비를 정확하게 같은 조건으로 가동했기 때문에 이 시스템의 이용 가능성은 분명하게 시연했다고 할 수 있다. 그 실험에서는 두 개의 단자를 해발 9100미터에서 1만700미터를 넘지 않는 높이에 설치하고, 1500만에서 2000만 볼트의 전압을 이용해 수천 마력의 에너지를 수백 킬로미터(필요하면 수천 킬로미터라도) 떨어진 곳으로 전송할 수 있다는 것이 확인되었다.

그러나 나는 현재 필요한 단자의 높이를 상당히 낮출 수 있다고 생각하며 이를 실현하기 위해 궁리하고 있다. 물론 수백만 볼트의 전압을 이용하는 것에 사람들은 선입관을 가질 수 있고, 이것은 수백 미터까지 스파크가 발생하기도 한다. 하지만 내가 여러 전문지에 발표했듯이 그 시스템은 도시에서 지금 사용하는 보통의 배전회로보다 오히려 사람에게 더 안전하다. 이것은 어떻게 보면 내가 수 년 동안 그와 같은 실험을 수행했지만 나나 내 조수의 몸에 아무런 문제도 일어나지 않았다는 사실에서 분명히 드러났다.

그러나 이 시스템을 실제로 도입하려면 충족해야 할 몇 가지 필수 요소가 남아 있다. 우선, 그와 같은 전송을 담당할 기계를 아직 충분히 개발하지 못했다. 그러한 기계는 전기에너지의 변압과 전송을 매우 경제적이고 실용적으로 할 수 있어야 한다. 그리고 산업에 이용할 자연적 동력원을 찾고자 노력하는 사람에게 동기를 부여할 필요가 있다. 폭포 같은 에너지원이 대표적이며 자기 지역에서만 개발하여 얻는 이익에 비해 훨씬 큰 투자 이윤을 보장해야 한다.

보통의 생각과는 반대로 고도가 낮아 쉽게 도달할 수 있는 공기층에서도 전기 전도성이 있다는 사실을 관찰했을 때부터, 전기에너지의 무선전송은 전기엔지니어가 추구할 다른 어떤 것보다도 중요한 과제가 되었다. 이것을 달성하면 지구의 어느 지점에서나 에너지를 사용할 수 있으며, 그 양은 주위 환경에서 적절한 기계로 얻어내는 정도인데 소량의 에너지가 아니며 폭포에서 얻는 에너지처럼 무제한으로 사용할 수 있을 만큼 많다. 그렇게 되면 좋은 위치에 자리한 국가는 전력 수출이 중요한 소득원이 될 것이다. 예를 들어, 미국, 캐나다, 중남미, 스위스, 그리고 스웨덴 등이다. 사람들은 지구상 어느 곳에나 정착하여 큰 힘을 들이지 않고도 땅을 비옥하게 하여 경작할 수 있으며, 사막도 정원으로 만들어 지구 전체를 인류의 행복한 거주지로 바꿀 수 있다. 그리고 만약 화성에 지능을 가진 생명체가 존재한다면, 그들은 오래전에 이런 생각을 실현했을 것이며, 천문학자들이 관찰한 화성 표면의 변화를 이것으로 설명할 수 있을 것이다. 그 행성의 대기 밀도는 지구보다 훨씬 옅기 때문에 이런 일이 훨씬 쉬웠을 수 있다.

조만간 스스로 작동하는 열엔진이 등장하여 주위 환경에서 많은 양의 에너지를 얻게 될 것으로 예상한다. 태양에서 직접 전기에너지를 얻을(그 양은 적을지라도) 수도 있다. 왜냐하면 맥스웰 이론이 진실이라면 태양은 다양한 주파수의 전기를 방출하기 때문이다. 이 주제에 대해 나는 아직 연구를 계속하고 있다. 영국의 화학자인 윌리엄 크룩스(William Crookes)는 자신이 발명한 '복사계(라디오미터)'를 이용해 광선이 충돌하면 역학적 효과를 발생시킬 수도 있다고 했는데, 이것은 태양광선을 새로운 방법으로 사용할 가능성을 시사한다. 다른 에너지원이 등장하거나 태양에서 에너지를 얻는 새로운 방법을 발견할 수도 있지만 이와 같은 발전도 그 중요성에서는 주위 환경을 통해 동력을 어느 지점으로나 전송하는 것과 비교할 수 없다.

동력의 무선 원거리 전송보다 더 인류 발전의 여러 요소를 효율적으로 통합하는 기술적 혁신은 없다고 생각한다. 인간 에너지를 증가시킴과 동시에 더 경제적으로 사용하도록 만들어주기 때문이다. 인간질량 가속화 힘을 증대시키는 최선의 방법이다. 그와 같은 혁명적 변화가 인간 정신에 미치는 영향은 가늠하기 어렵다. 다른 한편으로, 지구상 어느 지점에 스스로 작동하는 열엔진이 있어 주위 환경으로부터 약간의 에너지를 얻을 수 있다 하더라도 커다란 혁신은 아닐 것이다. 인간이 일하는 효율성은 높아지겠지만, 인간 자신은 여전히 자신의 최대 역량을 모르는 상태에 있다.

나는 오래 연구를 하면서 이러한 결과를 간결하고도 분명하게 알고 예상하지만, 사람들이 이에 대해 준비가 되어 있지 않다면 실제 응용까지는 아직 먼 길을 가야 한다. 그러나 어떤 면에서는 그와 같은 머뭇거림이나 저항이 빠르고 열광적으로 받아들이는 것만큼이나 인간의 진보에 유익한 요소로 작용할 수 있다. 그러므로 처음에는 힘에 저항하던 질량도 움직이기 시작하면 에너지를 더해줄 수 있다. 과학자는 곧바로 결과를 도출하려 하지 않는다. 자신의 생각이 즉시 받아들여질 것이라 기대하지도 않는다. 그의 일은 나무 심는 일과 같다. 미래를 준비하는 것이다. 다가올 세대를 위해 기초를 다지고 가야 할 길을 제시하는 것이 그의 임무다. 그는 삶을 영위하고 노동하며 이렇게 노래한 시인처럼 희망을 품는다.

> 내 손으로 할 수 있는 하루의 일과를 주어
> 그것을 완수해내는 지고한 행복을 누리게 하라!
> 오, 제발 나를 지치지 않게 하라!
> 아니다, 그것은 헛된 꿈이 아니다.
> 지금은 줄기뿐인 이 나무들도
> 언젠가 열매와 그늘을 줄 것이다.
>
> –요한 볼프강 폰 괴테의 〈희망Hoffnung〉

Part 3. 니콜라 테슬라의 삶과 발명

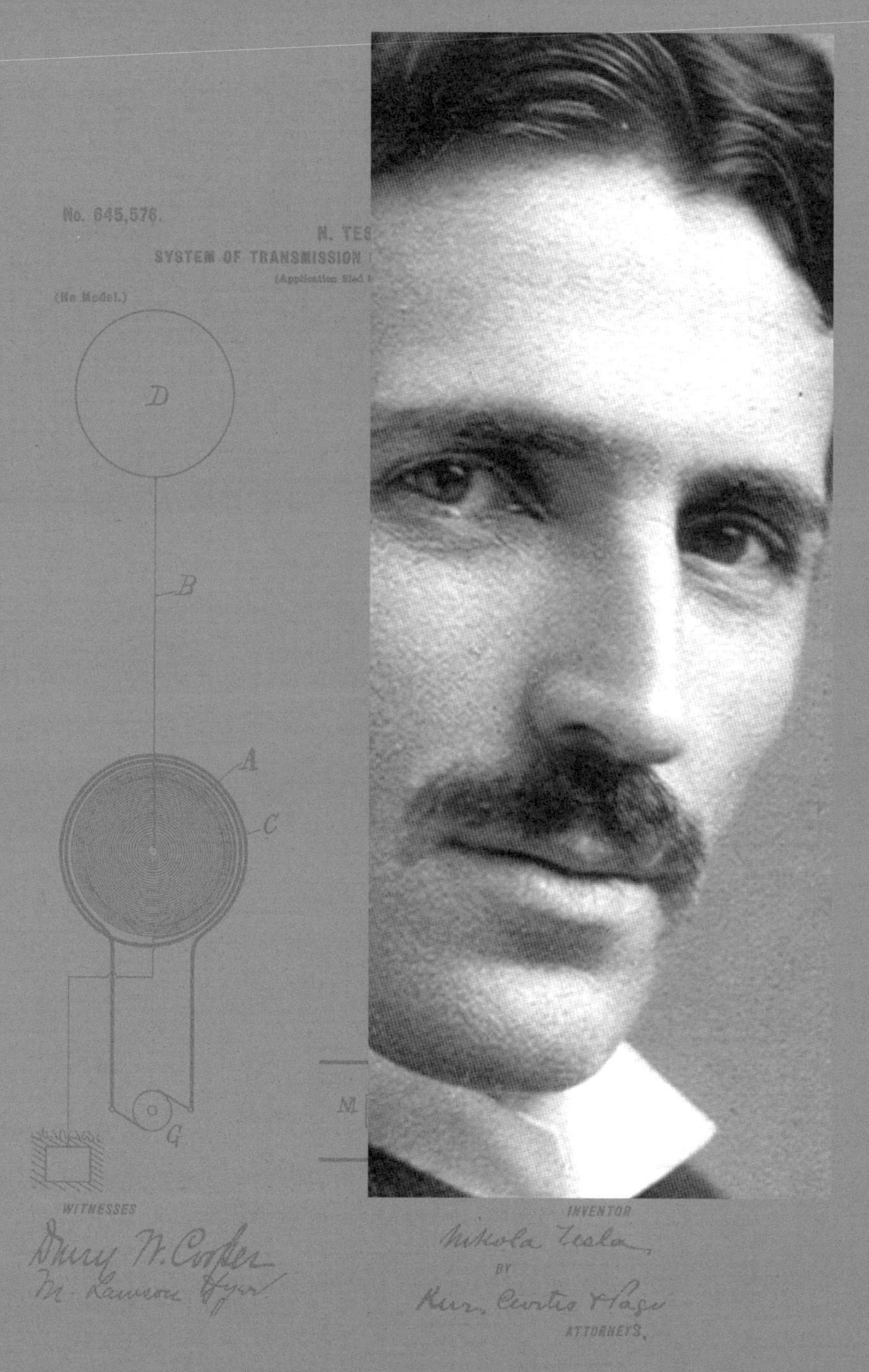

니콜라 테슬라의 삶과 발명

제1부인 〈나의 발명My Inventions〉은 니콜라 테슬라의 자서전으로, 그가 63세이던 1919년 《실험전기학*Electrical Experimenter*》에 기고한 글을 제목과 그림, 그리고 일부 내용을 보완하여 정리한 것이다. 이 글은 전체 6장으로 구성되어 장마다 테슬라 생애의 다른 시기를 서술하고 있는데, 크로아티아에서 보낸 어린 시절과 고스피치와 프라하에서 받은 교육, 그리고 부다페스트에서 시작해서 파리를 거쳐 뉴욕까지 19세기 말에서 20세기 초에 걸쳐 이루어진 그의 중요한 연구활동을 주제별로 설명한다. 특히, 테슬라의 가장 유명한 두 가지 발명인 유도모터와 변압기(테슬라코일), 그리고 테슬라가 정력적으로 연구했고 그의 궁극적 비전이던 무선자동화 기계와 에너지의 무선전송에 대해 어떻게 장치를 발명하였는지 아이디어의 발전과정과 그 배경 이론을 그림과 함께 설명했다.

테슬라가 이 글을 썼을 때는 제1차 세계대전이 끝나갈 무렵인데, 전쟁의 경험에서 그는 자신이 개발한 기술이 세계 평화를 정착시키는 데 중요한 역할을 할 수 있을 것으로 생각했다. 가공할 파괴력을 가진 무기를 만들어 사람들이 전쟁을 일으킬 생각조차 할 수 없게 하는 한편, 전 세계적인 무선통신망과 무선에너지 전송망을 건설하여 모든 인류가 더욱 가까워져 지구상에서 전쟁은 영원히 사라질 것이라는 낙관적 주장도 담겨 있다.

제2부는 테슬라가 1900년 《센추리 매거진》에 발표한 논문 〈인간 에너지를 상승시키는 데 따르는 문제점The problem of increasing human energy〉을 번역한 것이다. '태양에너지 이용을 중심으로(Special References to the Harnessing of the Sun's Energy)'라는 부제가 붙은 이 글은 한 세기를 앞서간 과학자로 불리는 테슬라가 20세기를 시작하면서 예상한 21세기 사회의 이야기다. 인간 문명이 이제 막 자연을 극복하고 활용하기 시작할 때, 테슬라는 이미 그 문명이 세계에 미칠 폐해를 걱정했으며, 실제 그러한 걱정은 현실화되고 있다. 그리고 테슬라는 화석연료를 본격적으로 이용하기 시작하던 시기에 벌써 자원의 고갈을 내다보고 이 논문에서 그 대안을 제시했다.

제1부와 제2부를 번역하고 정리하면서 크리스토퍼 쿠퍼의 《테슬라에 관한 진실*Truth About Tesla*》(진선미 옮김, 양문, 2018)을 많이 참고했다. 또한 테슬라가 100년 전에 출판할 생각 없이 잡지에 기고한 글이라 번역에 여러 가지 어려움이 있었기에, 《ニコラ テスラ 秘密の告白》(宮本壽代)도 참고하여 번역했음을 알려드린다.

제3부는 테슬라의 일생을 간단히 요약한 다음, 테슬라를 둘러싸고 벌어지는 논쟁이나 여러 이야기를 주제별로 묶어 설명했으며 관련된 그림과 사진도 함께 제시했다. 독자 여러분이 과학문명을 100년

이나 앞당긴 천재 과학자 니콜라 테슬라를 제대로 이해하는 데 도움이 되기를 바란다.

| 니콜라 테슬라의 삶

니콜라 테슬라는 1856년 오스트리아 제국의 스밀랸(지금의 크로아티아)에서 태어나 1943년 미국 뉴욕에서 사망한 발명가로 그가 취득한 발명 특허는 25개국에서 270개가 넘는다.

세르비아계인 아버지는 정교회 사제였고, 어머니는 학교를 다니지 못했지만 매우 지성적이었다고 한다. 그는 어릴 때부터 놀라운 상상력과 창조성을 보였으며 시적 감각도 있어서(제1부 〈나의 발명〉 제3장과 제2부 〈인간 에너지를 어떻게 높일 것인가〉 마지막에서도 괴테의 시를 인용한다), 초등학생 때부터 유럽 고전 시를 암송했으며 영어와 프랑스어, 독일어, 이탈리아어 등도 능통했다고 전한다.

테슬라는 엔지니어가 되기 위해 오스트리아 그라츠 공과대학에 다녔으며, 테슬라 자신은 프라하대학에서도 수학했다고 하지만 확인되지는 않는다(졸역 《테슬라에 관한 진실》에서 이를 비롯해 여러 가지 불편한 사실에 대해 자세히 기술했다). 테슬라는 그라츠 공과대학에서 그람다이나모라는 기계를 처음으로 보았는데 이것은 발전기로 활용되지만 역으로 작동하면 전기모터가 되는 장치다. 테슬라는 여기에서 당시에는 필수적이던 정류자 없이 교류 전기를 실제로 활용하는 방법을 생각하기 시작한다. 그는 나중에 부다페스트에서 회전자기장의 원리를 깨달아서 친구에게 그림으로 설명해주었으며, 유도모터를 개발할 마음을 먹는다. 이것이 교류를 성공적으로 이용하는 첫걸음이 된다. 많은 사람이 이것이 테슬라의 업적 중 가장 중요하다고 말한다.

1882년 테슬라는 파리에 가서 에디슨 회사의 파리지사에서 일하다가 1883년 독일 알자스의 슈트라스부르역 전기공사에 참여하여 자신의 재능을 처음으로 발휘한다(제1부 〈나의 발명〉 제4장 참조). 1884년 테슬라는 미국행 정기여객선에 몸을 싣는데, 여행 과정에 도둑을 맞는 등 우여곡절 끝에 뉴욕에 도착했을 때는 주머니에 동전 몇 푼과 자신이 지은 시(詩), 그리고 비행기계를 만들기 위한 계산식 메모장과 추천장만 들어 있었다. 에디슨 회사 파리지사장 역할을 하던 찰스 배철러가 에디슨에게 보내는 그 추천장에 적은 글은 유명하다.

"저는 위대한 인물 두 명을 알고 있습니다. 그중 한 사람은 에디슨 당신이고 다른 한 사람은 이 젊은이입니다."

이렇게 테슬라는 에디슨 밑에서 미국 생활을 시작한다. 에디슨이 테슬라에게 약속한 성공보수 5만 달러를 주지 않았기 때문에 테슬라가 에디슨을 떠났다는 주장도 있지만 이 두 발명가는 그 배경이나 스타일이 크게 달라서 결별은 예정된 수순이었다.

1888년 웨스팅하우스전기회사 사장인 조지 웨스팅하우스가 테슬라의 교류발전기, 변압기, 모터에 이용되는 다상시스템 특허권을 사들이는데 이 계약은 에디슨의 직류시스템과 테슬라-웨스팅하우스의 교류시스템 사이에 그 유명한 전류전쟁을 알리는 신호탄이었다. 전쟁은 교류시스템의 승리로 끝나고 패배한 '에디슨 제너럴일렉트릭'은 파산 위기에 몰려 J. P. 모건에게 인수된다. 회사 설립자인 에디슨이 쫓겨나고 사명에서 그의 이름을 뺀 '제너럴 일렉트릭'은 오늘에 이른다.

이후 테슬라는 자신의 실험실을 마련하고 갖가지 발명에 몰두한다. 하지만 1895년 3월 뉴욕 5번가에 있던 그의 실험실 건물에 대형 화재가 일어나 모든 시설장비가 잿더미로 변한다. 이 화재로 모든 것을 잃은 테슬라는 크게 실망했지만 곧바로 새로운 전기발진기 설계에 착수하는 등 연구 활동을 재개한다.

테슬라는 교류 전기에 대한 사람들의 두려움을 없애기 위해 자신의 실험실에서 교류를 자신의 몸으로 통과시켜서 전등을 켜는 시범도 보였다. 1891년 테슬라는 미국 시민권을 취득했으며 그해에 발명한 테슬라 코일은 오늘날 라디오와 TV를 비롯한 다양한 전자 장비에 널리 이용되고 있다.

웨스팅하우스는 테슬라의 교류시스템을 이용해 1893년 시카고 콜럼버스 아메리카대륙 발견 400년을 기념해 열린 시카고 세계박람회(한국이 최초로 참가한 국제박람회이기도 하다)를 밝히는 대성공을 거둔다. 이 성공은 나이아가라폭포에 최초로 수력발전소를 설치하는 계약을 따낼 만큼 중요한 요인이었다. 테슬라의 이름을 기념하고 그의 특허가 많이 이용된 그 수력발전소는 1896년에 완공되어 뉴욕 버펄로까지 교류 전력을 전송했다.

1898년에 테슬라가 원격 조종 보트를 발명했다고 발표했는데, 많은 사람이 이를 믿지 못하자 테슬라는 뉴욕 매디슨스퀘어가든에 모인 군중 앞에서 자기의 주장을 증명해 보였고 군중 가운데 일부는 테슬라가 마법을 부린다고 경악했다.

테슬라는 1899년 5월부터 1900년 초까지 콜로라도스프링스에 머무르며 지구 정재파(定在波)를 연구하는데, 테슬라는 이것을 자신의 가장 중요한 발견이라 생각했다. 그는 지구를 전도체로 이용할 수 있으며 지구와 공명하는 특정 전기주파수를 찾을 수 있다고 주장했다. 이곳에서 그는 60킬로미터 떨어진 거리의 전등 200개를 전선을 이용하지 않고 밝혔으며, 인공 번개도 만들어 41미터 길이의 불꽃이 생겼다고 주장했다. 하지만 객관적으로 이를 증명할 자료는 없다. 그는 콜로라도 실험실에서 한때 다른 행성에서 오는 신호를 수신했다고 확신했는데 과학계는 대부분 이를 허무맹랑한 주장으로 치부했다.

1900년 뉴욕으로 돌아온 테슬라는 미국인 투자자 J. P. 모건으로부터 15만 달러를 지원받아 롱아일랜드에 '무선 세계 전송 타워'를 건축하기 시작했다. 테슬라는 전신과 전화와 관련한 자신의 특허권 51퍼센트를 모건에게 양도하는 조건으로 자금을 빌렸다. 그는 전 세계적인 커뮤니케이션을 꿈꾸며 사진과 메시지, 기상정보, 그리고 주식시세를 보내는 시설을 만들려 했다. 나아가 그는 이 시스템을 확장하면 에너지의 무선전송까지 가능할 것으로 기대했다. 이 프로젝트는 모건이 지원을 철회하면서 자금 고갈과 노동쟁의 등의 이유로 폐기되는데 이것은 테슬라 일생 최대의 패배였다.

그 이후 테슬라의 연구는 터빈 개량 등의 다른 프로젝트로 옮겨간다. 그러나 자금이 없었기 때문에 그의 아이디어는 계획으로만 남았고 현재도 테슬라의 열혈 추종자들은 여기서 어떤 단서를 찾으려 한다. 1915년 테슬라와 에디슨이 노벨상을 공동수상한다는 보도가 나왔지만 오보로 확인되었다. 여기에 대해 어떤 전기 작가는 테슬라가 에디슨과 함께 받기를 거부해서 노벨상위원회에서 수상자를 변경했다고 하며, 반대로 에디슨이 테슬라가 상금을 받지 못하게 하려고 거부했다는 설도 있다.

테슬라는 평생을 독신으로 지냈으며 채식주의자에다 거의 병적일 정도의 세균공포증이 있었다. 동성애자라는 설도 있으며, 실제로 그렇게 보이는 행동도 많이 했다. 한 인터뷰에서는 자신이 "평생 남자의 몸에 손을 댄 적이 없다."고 말하기도 했지만, 젊은 과학저널리스트나 운동선수 등과 호텔에서 '특별한 만남'을 갖거나 연구 조수는 20대 초반의 남자만을 채용한 것으로 볼 때 근거 없는 추측만은 아니다. 그리고 이러한 성향을 천재적 발명가에게 요구되는 일종의 엄격함으로 설명하는 사람도 많다.

충동적이며 외골수적 성격의 테슬라에게는 친구도 소수였다. 유명한 작가 마크 트웨인(Mark Twain)과는 매우 친했다. 이렇게 친구가 적고 간섭 받길 싫어하며 재정 문제에는 영 서툴렀지만 연구 자금을 확보하기 위해 부자들에게 적극적으로 접근했으며 뉴욕 부유층의 사교클럽에도 가입하여 활동했다. 말솜씨와 쇼맨십도 상당하여 대중에게 매력적으로 연설하고 자신의 발명을 소개할 때는 마치 마술사와 같은 쇼를 벌였다.

테슬라에게는 숨은 과학적 비밀을 감지하는 누구보다 뛰어난 직관이 있었고, 그에 관한 가설을 세우고 증명하는 데 천재적 재능을 발휘했다. 특종 기사를 찾는 기자에게 테슬라는 하늘이 내린 선물과 같았지만 신문의 편집장은 저만치 앞서가는 테슬라의 미래 예측을 어느 정도나 진지하게 다루어야 할지 망설일 수밖에 없었다. 다른 행성에 거주하는 생명체와 커뮤니케이션할 수 있다는 그의 예측이나, 지구를 사과처럼 쪼갤 수 있다는 확신, 그리고 400킬로미터 밖에서 1만 대의 비행기를 파괴할 수 있는 죽음의 광선을 발명했다는 주장 등에는 과학계가 비판을 넘어 조롱하기까지 했다.

1943년 테슬라의 사망 이후 재산관리인은 그의 트렁크를 입수했는데, 그 안에는 테슬라의 논문과 그가 받은 학위증과 메달, 주고받은 편지, 그리고 실험노트가 들어 있었다. 이것은 테슬라의 조카인 사바 코노비치에게 전해지고 나중에 베오그라드의 니콜라 테슬라 박물관에 기증되었다. 그의 장례식에는 많은 사람이 참석하여 위대한 천재를 보내는 데 아쉬움을 표했으며 노벨상 수상자 세 명도 참가하여 추모사를 했다. 장례식에 참석한 뉴욕시장 라가디아는 이렇게 추모했다.

"니콜라 테슬라는 위대한 휴머니스트이자 천재 과학자이며 과학의 시인이었습니다."

일생 동안 에디슨과 원수처럼 지낸 테슬라지만 1917년 미국전기공학회(IEEE)에서 수여하는 최고의 명예인 에디슨 메달 수상자로 결정되자 이를 받아들이고 에디슨에 찬사를 보내는 연설까지 했다. 1934년에는 다상 전력 시스템 발명에 대한 공로로 필라델피아시에서 주는 존 스콧(John Scott) 메달을 수상했다.

1917년 테슬라에게 에디슨 메달을 수여하는 자리에서 미국전기공학회부총재인 버렌드(B. A. Behrend)는 다음과 같이 연설했다.

"오늘날 우리의 세계에서 테슬라의 발명을 없애거나 작동을 중단시킨다고 합시다. 모든 공장의 기어가 회전을 멈출 것입니다. 자동차와 기차가 더 이상 움직이지 않을 것입니다. 우리의 도시는 암흑에 잠기며, 기계는 모두 쓸모없어질 것입니다. 네, 그의 발명은 이렇게 우리 가운데 깊이 들어와 있습니다. 현대 산업의 씨줄과 날줄을 구성했습니다. 그가 테슬라입니다."

| 테슬라와 전류전쟁

이른바 '전류전쟁'은 두 명의 위대한 발명가인 토머스 에디슨과 니콜라 테슬라의 기념비적 싸움이다. 에디슨은 자신의 실험실이 있는 뉴저지의 지명을 따서 '멘로파크의 마법사'로 불렸으며, 테슬라는 미국 서부 콜로라도에 실험실이 있어서 '서부의 마법사'로 불렸기 때문에 전류전쟁은 본질적으로 '마법사들의 전쟁'이기도 했다.

전쟁 형태는 송전할 때 어떤 기술을 채택할 것이며, 누가 이러한 송전기술을 장악하여 수익과 권력을 독차지할 것인가를 두고 벌어졌다. 전쟁의 한쪽 진영에는 직류(DC, 방향이 변하지 않고 한 방향으로만 흐른다) 전기를 이용하자고 주장하는 에디슨이 있었다. 에디슨이 먼저 직류를 이용한 송전을 시장에 내놓았지만 소비자 가까이에서 전력을 생산해야 하고, 구리전선이 많이 필요해 비싸다는 문제가 있었다. 반면에 테슬라는(조지 웨스팅하우스의 재정 지원을 등에 업었다) 교류(AC, 전류의 방향이 주기적으로 변한다) 전기로 송전할 것을 주장했다. 교류는 변압기를 이용하면 대규모 발전소를 소비자로부터 멀리 떨어진 곳에 건설해도 되며, 가볍고 값이 싼 전선으로도 송전이 가능한 장점이 있었다.

이러한 두 기술의 차이는 1888년의 거대한 눈 폭풍 사태에서 여실히 드러나게 된다. 당시 미국 동부 해안에 눈 폭풍이 덮쳐 적설량이 100~130센티미터에 달하고 시속 75킬로미터에 이르는 바람이 불었다. 쌓인 눈더미의 높이가 15미터에 이르는 곳도 있었다. 뉴욕의 길 위 하늘에서는 직류를 배송하는 무거운 송전선이 바람에 흔들렸다. 이러한 송전선이 전선 위에 쌓인 눈과 얼음의 무게를 못 이겨 땅으로 무너져 내리자 그 아래를 지나던 많은 행인이 감전사하면서 길은 차단되고 송전망이 폐쇄되는 사태에 이르렀다. 고전압 직류 네트워크를 뒤처리하는 과정도 위험하여 여러 명의 노동자들이 '입과 코로 화염을 내뿜으며' 사망했다. 그 결과 자연스럽게 뉴욕의 여론은 이와 같은 고전압 전선망이 머리 위를 지나는 데 반대했다. 그러자 고전압과 무거운 전선이 상대적으로 덜 필요한 교류 송전이 대안으로 등장하는데 당연한 귀결이었다.

그러면 에디슨은 여기에 어떻게 대항했을까? 직류의 기술적 열세가 드러나 코너에 몰리자 그가 사용할 수 있는 방법은 한 가지밖에 남지 않았다. 고수익 사업인 전력 배송의 권리를 손에서 놓지 않기

니콜라 테슬라(왼쪽)와 토머스 에디슨(가운데), 웨스팅하우스(오른쪽)

위해 거짓 정보와 헛소문을 퍼트리는 것이었다. 패배의 숙명에 저항하는 에디슨의 핵심 무기는 바로 교류는 감전사고의 위험이 매우 높다는 거짓말이었다. 에디슨은 이런 소문을 퍼트리며 전국을 순회하면서 살아 있는 동물을 감전사시키는 잔인한 시범을 보이기도 했다. 전기 처형 장면을 담은 영화 필름을 만들고, 수천 명이 지켜보는 가운데 톱시라는 이름의 코끼리(1903년 1월의 일이며, 조련사가 이 코끼리에게 밟혀 죽었기 때문에 죽여야 할 이유는 있었다)를 6600볼트의 교류로 감전사시켰다(유튜브에서 그 장면을 볼 수 있다: https://youtu.be/VD0Q5FeF_wU). 1890년 에디슨의 로비에 따라 사형수 윌리엄 케믈러에게 첫 전기의자(AC를 이용) 사형을 집행하다가 '교수형보다 더 잔인한 광경'만 연출하고 실패한 이후 이러한 비극은 중단되었다. 에디슨은 이렇게 교류에 반대하여 전근대적인 캠페인을 펼쳤지만 교류는 호락호락 함락되지 않았다.

승패의 결정적 요인은 1893년의 시카고 세계박람회다. 처음에는 에디슨이 지원하는 에디슨-제너럴일렉트릭이 박람회 조명을 맡기로 했으나 가격을 너무 높게 불렀다. 100만 달러 이상을 요구했던 것이다. 그러나 테슬라와 웨스팅하우스는 그 절반도 안 되는 가격을 제시했고 결국 이들에게 낙찰되었다. 이렇게 하여 그들은 교류 전송시스템의 중요한 기술(비용과 안전)을 입증할 기회를 잡게 되었다. 제너럴일렉트릭(GE)이 에디슨 전등을 사용하지 못하도록 방해공작도 펼쳤지만 테슬라와 웨스팅하우스는 교류발전기, 변압기, 새로 설계한 전등, 그리고 최초의 네온등과 같은 최신 기술을 동원했다. 박람회의 조명은 수천 개의 아크등과 백열등으로 큰 성공을 거두었으며, '박람회장이 옥외조명의 타워 시스템에 의해 환하게 밝혀졌다.' 테슬라의 승리로 전쟁이 끝났다.

'전류전쟁'은 하나의 전쟁 이상의 의미가 있다. 미래 세대의 삶에 기술이 어떻게 영향을 끼칠지 그 방법을 두고 벌어진 싸움이었다. 직류 전력의 세계를 상상해보자. 우리가 살고 있는 곳에서 수 킬로미터 이내에 자리한 발전소에서 소음과 시커먼 연기를 뿜어내고, 우리 머리 위로는 굵고 무거운 송전선이 지나간다. 팔뚝만한 굵기의 구리선이 나의 랩톱 컴퓨터 전원을 연결한다. 아니 랩톱 컴퓨터가 존재하기라도 할까?

| 테슬라와 마크 트웨인

테슬라가 작가 마크 트웨인과 매우 친했다는 사실은 테슬라의 삶에서 무척 흥미로운 일면이다. 두 사람은 모두 유명한 사교모임 장소인 뉴욕의 플레이어클럽을 자주 찾았다. 겉으로 보기에는 전혀 다른 특징을 가졌지만 트웨인이 사망할 때까지 교류하며 지냈다. 테슬라는 다른 사람과 잘 어울리지 않고 일도 주로 혼자 하는 성격이기에 마크 트웨인과의 교류는 베일에 싸인 이 과학자 겸 발명가의 새로운 면이다. 두 사람은 일생 동안 자주 만났다. 특히 트웨인은 자신의 세르비아인 친구가 하는 일과 발명에 큰 관심을 보였다.

마크 트웨인은 과학이나 발명에 관심이 많았다. 신기술 분야에 돈을 많이 투자했으며, 자신의 이름으로 '조절 가능한 탈착형 의복용 끈'이라는 특허를 취득하기도 했다. 그의 과학과 발명에 대한 열정은 과학소설의 효시로 평가받는 《아서왕 궁전의 코네티컷 양키》에서도 뚜렷이 드러난다. 19세기의 평범한 미국인이 6세기 영국으로

테슬라 연구실에서 마크 트웨인과 조제프 제퍼슨. 두 사람 사이에 테슬라가 희미하게 보인다.

시간여행을 하면서 겪는 일이 줄거리인데, 과학기술이 사회에 주는 영향을 서술하면서 발명의 중요성을 강조한다. 이런 배경에서 볼 때 트웨인이 몽상적이기도 한 이 발명가에게 호감을 가진 것은 충분히 이해할 수 있다.

반면에 테슬라는 트웨인의 작품을 통해 그를 알게 되었다. 병으로 생사의 경계를 넘나들고 있을 때다(〈나의 발병〉 제3장 참고). 테슬라는 나중에 쓴 글에서 그의 작품 때문에 자신이 병에서 회복할 수 있었다고 말했다.

"중병에 걸려 의사들마저도 포기할 정도로 심각한 상태를 힘들게 넘겼다. 이 기간 동안 나는 책을 읽을 수는 있어서…… 어느 날 내가 넘겨받은 새로운 책 몇 권은 전에 읽은 것들과는 크게 달라 나는 내 처지를 잊을 정도로 탐독했다. 그 책은 마크 트웨인의 초기 작품으로 내 몸이 기적적으로 회복하는 데 큰 역할을 했다. 그로부터 25년 후에 나는 트웨인을 만나 가깝게 지내게 되었는데, 그에게 내 경험을 말해주자 그 위대한 작가는 눈물이 날 정도로 크게 웃었다."(제1부 〈나의 발명〉 제3장)

1910년 트웨인이 심장마비로 사망하자 테슬라는 크게 상심한다.

| 테슬라와 전파(라디오) 발명

테슬라는 전력, 즉 에너지의 무선전송을 집중적으로 연구했다. 그와 동시대에 활동한 발명가 굴리엘모 마르코니(Guglielmo Marconi)의 에너지 무선전송 연구는 무선커뮤니케이션에 목적이 있었는데, 여기에는 테슬라가 취득한 여러 특허를 이용했다. 둘은 치열한 경쟁자로서 법률적 다툼을 벌였다. 오랜 시간이 지난 후 전파 발견이 테슬라의 업적으로 공식 인정을 받지만 현재까지도 왜곡된 역사는 바뀌지 않고 대부분의 사람들은 테슬라가 아닌 다른 발명가를 전파의 아버지로 숭배하고 있다.

1891년 테슬라는 테슬라코일을 개발한 이후, 한 (테슬라)코일에서 다른 코일로 압축 방전하여 교류를 생성하는 연구로 관심을 돌렸다. 나중에 이 장치는 테슬라 변압기로 불린다. 테슬라는 자신의 변압기를 이용하여 두 코일이 비슷한 주파수에서 공명하도록 조정하면 강력한 전파신호를 보내고 받을 수 있는 사실을 발견했다.

테슬라는 1891년과 1893년에 이러한 고주파 전류의 사용 방법을 제시했다. 조명, 의학 그리고 에너지 무선전송 등이다. 1895년 초에 테슬라는 새로 발견한 이 신기술을 이용해서 무선 신호를 전송할 단계까지 이르렀지만, 그해 연구실에 화재가 발생해 모든 것이 잿더미가 되었다. 더 이상 나쁠 수 없는 최악의 타이밍이었다. 굴리엘모 마르코니라는 이름의 젊은 발명가가 테슬라의 연구와 발명을 이용해 1896년에 런던 중앙우체국에서 무선전송을 공개적으로 시연해 보인다. 이듬해 영국과 프랑스 사이의 도버해협을 넘는 무선통신을, 1901년에는 영국 콘웰과 캐나다 뉴펀들랜드 사이의 무선통신에 성공했지만 이것은 테슬라가 미국에서 취득한 무선 에너지 전송 관련 특허 17개를 조합한 기술이다. 테슬라는 그 이전에 이미 소규모이지

무선전신 초기 시스템을 시연하는 마르코니(1899년경)

만 대서양 횡단 무선전송에 성공했다고 알려져 있다.

테슬라는 마르코니에 앞서 자신의 발견을 미국 특허국에 등록했다. 1897년에 '전기에너지 전송 시스템과 장치에 관한' 두 가지 특허를 신청하여 1900년에 승인받았다. 마르코니가 미국에서 첫번째 특허를 신청한 날짜는 1900년 11월인데, 이 신청은 테슬라의 특허와 비슷하다는 이유로 반려되었다.

그러나 마르코니는 그 후 3년 동안 계속 퇴짜를 맞으면서도 수정 보완하여 다시 신청하였고, 한편으로는 '마르코니 무선전신회사'를 설립하였다. 그리고 앞에서 지적했듯이 테슬라의 특허를 활용해 1901년에는 대서양 횡단 전송에 성공한다. 그러나 1904년 미국 특허국은 뚜렷한 이유 없이 이전의 결정을 뒤엎고 마르코니의 전파 발명에 대한 특허를 승인한다. 이를 토대로 1911년 마르코니는 노벨상을 수상한다. 여기에는 마르코니의 강력한 후원자가 큰 영향력을 행사한 것으로 보인다. 유명한 재력가 앤드루 카네기와 토머스 에디슨이 마르코니 회사에 투자하고 에디슨은 그 회사의 자문 엔지니어이기도 했다. 테슬라는 1915년 법원에 소송을 제기했지만 대항해 싸울 자금이 없었던 반면 마르코니에게는 돈이 흘러넘쳤다. 30년 가까이 진행된 그 소송은 1943년 6월 21일 미국 대법원에서 테슬라의 전파 특허 등록번호 645,576(1900년)을 인정하며 테슬라의 손을 들어주면서 끝났지만 마르코니 사망 후 6년, 테슬라가 사망한 지 6개월이 지난 후였다.

니콜라 테슬라는 과학과 기술의 시대를 이끈 천재들 중 한 명이다. 그가 남긴 불후의 업적은 현대인의 생활 구석구석에서 찾을 수 있다. 그러나 테슬라의 발명 중 많은 수는 그의 동시대인들이 훔쳐가거나 표절하면서 자신의 업적으로 주장하여 그러한 왜곡이 사실처럼 굳어지기도 했다. 토머스 에디슨과 굴리엘모 마르코니가 대표적인 예다. 테슬라의 영향은 19세기와 20세기 사람들에게만 한정되지 않는다. 미국의 록밴드 TESLA는 그의 이름을 따왔으며 많은 음악 제목과 노랫말이 테슬라나 그의 생애와 관련된다('The Great Radio Controversy'). 오늘날 마르코니가 전파의 아버지로 칭송받고 있다. 하지만 전파의 진정한 발명가는 테슬라다.

테슬라의 여러 과학적 업적 중에서 워든클리프 타워는 짐작할 수 없는 그의 천재성과 비현실적 이상주의가 합쳐진 정점이다. 타워는 테슬라 연구활동의 전환점이며 그가 가진 돈뿐만 아니라 그에게 투자한 재력가들의 자금까지 모두 삼켜서 '테슬라의 백만 달러 바보짓'으로 불리게 된다. 그 타워는 단 한 차례도 작동하지 못했으며, 제2차 세계대전 중에 미국에 대한 스파이의 표적이 될 수 있다는 이유로 철거되었다.

워든클리프 타워 건축은 1901년에 시작되었다. 테슬라는 당시의 유명한 재력가 J. P. 모건의 투자를 받았다. 테슬라는 모건에게 미국 전체 그리고 나아가 전 세계적인 원격통신 플랫폼을 건설한다고 약속했지만 실제로는 무선으로 전력을 전송하려는 자신의 비전을 펼치려 했다. 전선을 대신하여 값싼 전파를 전력의 전송으로 이용하는 것이었다. 그러나 이것은 어느 누구나 무료로 전기를 이용

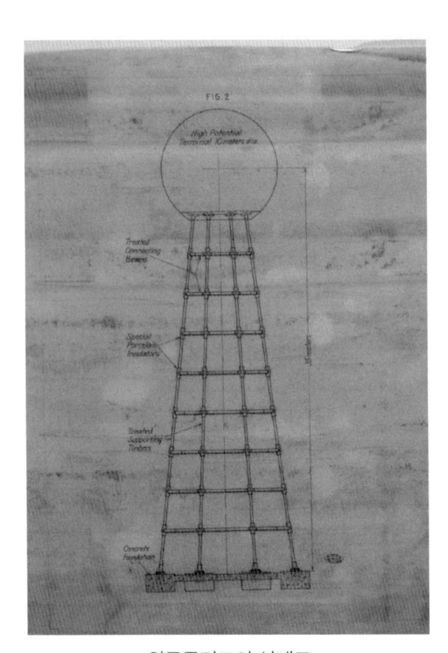

워든클리프의 설계도

할 수 있게 된다는 의미이기도 했다. 이윤을 추구하는 사업가인 모건에게 이런 일이 있어서는 안 되었다. 따라서 모건의 지원이 끊기자 테슬라는 자신의 자금을 모두 그 프로젝트에 투입해 날려버린다.

설상가상으로 1904년 테슬라의 몇 가지 특허가 효력을 상실하고 전파특허는 마르코니에게 가는 잘못된 결정을 내린다(〈테슬라와 전파(라디오) 발명〉 참고). 여기에는 마르코니의 회사에 투자하여 그 특허로 이익을 얻게 될 토머스 에디슨과 J. P. 모건의 영향력이 작용했다는 것이 일반적인 평가다. 테슬라가 전력 무선송전에 대한 연구를 중단한 가장 큰 이유는 이러한 특허 상실이었다.

1910년 테슬라는 테슬라 터빈과 테슬라 코일에 대한 특허를 취득하여 재기에 나섰지만 전력의 무선전송이라는 테슬라의 비전을 현실로 옮기기에는 턱없이 부족했다. "그것은 꿈이 아닙니다. 전기공학의 성과입니다. 단지 비쌀 뿐입니다. 소심하고 의심에 가득 찬 눈먼 세계입니다."(제2부 〈인간 에너지를 어떻게 높일 것인가〉) 테슬라는 반대자에게 격노했다. 모두 믿지 않아도 테슬라는 전력 전송이 가능하다고 확신했다. 1916년(테슬라가 파산을 선언한 해) 테슬라는 에디슨 메달을 받았다. 하지만 테슬라는 이미 사회적 · 경제적으로 심각한 상처를 입은 상태여서 그가 에너지 무선전송에 성공했다고 발표했을 때 사람들은 그의 정신 상태를 의심했다.

사실, 현대적 관점에서 볼 때 멀리 떨어진 곳의 전등을 무선으로 밝히려면 매우 많은 에너지가 필요하고 무선전송 에너지는 모든 방향으로 발산되므로 굉장히 비효율적이다.

에너지 무선전송의 근거가 되는 방법론은 테슬라코일의 업그레이드 버전이다. 1899년 콜로라도스프링스에서 어느 정도 성공했다는 기록도 있다. 테슬라가 21억 볼트 전압의 고주파수 전력을 이용해 약 10킬로미터 떨어진 곳의 전등 200개를 켜고 전기모터 한 개를 가동했다고 한다. 지금도 이것이 사실인지 아닌지는 알 수 없지만 현재도 무선전력 기술을 단거리에서 이용하는 실험이 많이 진행되고 있다. 예를 들어, "파워캐스트 전송기는 최고 3미터까지 무선주파수 신호를 보낼 수 있다. 어댑터에 장착된 수신기는 그 파장을 전기로 변환시켜 전화나 카메라와 같은 소형 장치를 충전시킨다." MIT의 스타트업 기업인 와이트리시티(WiTricity)는 진동 자기장 기반의 공명유도 결합을 사용하여 더 먼 거리에서 무선 전력 전송을 실현했다.

테슬라는 86세인 1943년에 무일푼의 상태로 사망했다. 그가 한 다음과 같은 말 속에서 그가 남긴 유산을 잘 이해할 수 있다.

"과학자는 곧바로 결과를 도출하려 하지 않는다. 자신의 생각이 즉시 받아들여질 것이라 기대하지도 않는다. 그의 일은 나무 심는 일과 같다. 미래를 준비하는 것이다. 다가올 세대를 위해 기초를 다지고 가야 할 길을 제시하는 것이 그의 임무다."(제2부 〈인간 에너지를 어떻게 높일 것인가〉)

사람들은 테슬라가 동시대인들보다 최소한 한 세기를 앞서 살았다고 생각한다. 그래서 그의 생각들 중 많은 것이 그의 사후에 실현되었으며 일부는 충분한 가능성 속에서 실현되길 기다리고 있다.

| 죽음의 광선을 둘러싼 미스터리

테슬라는 다양한 분야에서 250가지가 넘는 발명을 한 천재로 기억된다. 하지만 그는 실현되지는 못했지만 여러 가지 혁명적 개념을 제시한 사람으로도 유명하다. 다른 행성과 통신했다거나 지구를 사과처럼 쪼갤 수 있다는 주장은 과학계로부터 야유를 받기도 했다. '죽음의 광선'을 개발했다는 주장도 했는데 이것은 많은 논란을 야기했으며 지금도 이와 관련해 갖가지 추측이 난무한다.

테슬라가 주장한 죽음의 광선이 어떻게 시작되었는지에 대해서는 여러 가지 설이 있다. 일부에서는 1893년 그가 X-선을 개발하던 중에 뼈 사진을 찍기 위해 12미터 떨어진 곳에서 X-선을 '발사'한 실험이 계기가 되었다고 말한다. 다른 일부 사람들은 테슬라가 1908년 북극을 향해 죽음의 광선을 시험 발사한 것이 첫 실험이라고 주장한다. 그 실험과 동시에 시베리아 삼림 2000제곱킬로미터가 사라졌다. 테슬라는 이것이 자신의 무기 때문이라고 생각해서 즉시 폐기했다는 것이다. (1908년 6월 30일 시베리아 퉁구스카강 유역에서 대폭발이 일어났는데, 충격파가 영국에서도 감지될 정도였으며 학자들은 그 규모가 히로시마에 투하된 핵폭탄의 185배에 이른다고 한다. 그 사건의 원인에 대해서는 상공에서 소행성이 폭발했다는 설이 지배적이지만 행성 파편이 관찰되지 않은 이유 등을 들어 여러 음모론이 대두되었는데 테슬라의 신무기 실험설도 그중 하나다.)

죽음의 광선에 대한 상세 설명은 1934년 7월 23일자 《뉴욕타임스》에 인터뷰 형태로 게재되었다. 그 기사에서 테슬라는 자신이 400

나선형 코일 앞에 앉아 있는 테슬라(1896년)

킬로미터 거리에서 항공기 1만 대를 파괴할 수 있는 무기를 만들었다고 주장했다. 그가 제안한 죽음의 광선의 기본형은 원자 빔을(액체 수은이나 텅스텐) 총알처럼 발사하는 무기다. 거대한 테슬라 코일로 만든 높은 전압으로 원자 빔을 쏘아 보내는 것이다.

이 방법에는 네 가지 혁신이 따라야 한다. '주위 공기가 입자에 미치는 방해 효과를 없애주는 장치, 높은 전압에 맞게 장치를 구성하는 방법, 5000만 볼트까지 전압을 높이는 과정, 그리고 원자 빔을 밀어내는 엄청난 힘의 발생이 그것이다.' 죽음의 광선을 다른 무기와 함께 국경에 설치하면 절대 뚫을 수 없는 방어막이 된다. 그래서 테슬라는 이 무기를 '평화의 광선'이라고도 부르며 자신의 이런 아이디어를 미국 정부나 유럽 국가에 판매하려 했지만 호응이 없었다. 소련 정부만이 관심을 보여서 테슬라가 그 무기의 1단계를 시연해 보이고 2만5000달러를 받았다는 설이 있다.

1943년 테슬라가 사망하자 그의 모든 사적 소유물은 미국 정부에 귀속되었다. 하지만 죽음의 광선에 대한 모든 문서는 미스터리하게 사라졌다. 이런 문서의 행방과 관련하여 음모론이 빠르게 퍼졌다. 러시아에서 그 문서를 훔쳐갔다는 주장도 있는데, 1980년 미국의 에너지 물리학자 톰 비어든(Tom Bearden)은 소련의 입자 빔 무기가 1937년에 테슬라가 신청한 특허 속의 그림과 거의 판박이라고 말해 미스터리를 더욱 증폭시켰다.

테슬라는 현대 과학의 발전에 커다란 공헌을 했지만 당시의 과학계에서 무시된 연구도 많아 그를 신비의 인물로 만드는 요인 중 하나가 되었다. 죽음의 광선에 대한 진실이나 그와 관련된 문서의 행방에 대한 미스터리는 앞으로도 밝혀지지 않을지 모르지만 테슬라가 뛰어난 과학자였다는 사실은 변하지 않을 것이다.

| 테슬라와 UFO

우리는 테슬라를 무엇보다도 위대한 발명가이자 사상가, 그리고 시대를 앞서간 사람으로 생각한다. 하지만 그가 모든 것에서 논리적 설명을 찾는 과학자이면서도 독실한 '신앙인'(그의 부모는 그를 사제로 만들고 싶어 했다)이었다는 사실은 그의 인생에서 역설이다. 그래서 이 탁월한 인간이 '외계'라는 개념에 깊이 관여한 것이 더욱 놀랍다고 생각한다. 그의 일생을 살펴보면 이와 같은 사례들을 많이 발견할 수 있다. 그 자신의 설명이나 그의 발명으로는 설명되지 않는 부분이다. 테슬라는 푸-파이터(Foo-fighter, 제2차 세계대전 중 연합군과 추축국 조종사가 목격한 정체불명의 비행물체. 당시 연합국과 추축국은 서로 상대방이 비밀리에 개발하던 비행접시라고 생각했다)와 관련된다고 알려졌으며, 우주선의 '상승과 조종'에 대한 설계도 했다고 한다. 테슬라가 외계인을 만나 그들과 커뮤니케이션을 하면서 인간을 능가하는 지능을 갖게 되었다고 믿는 사람도 있다. 테슬라가 UFO(미확인비행물체)와 관계가 있었을까?

1940년대 초 테슬라가 아서 매슈(Arthur Mathew)와 함께 쓴 테슬라의 자서전《빛의 벽*The Wall of Light*》(테슬라가 전반부를 매슈가 후반부를 썼다고 한다)에는 테슬라가 1856년 7월 9일에서 10일 사이 한밤에 금성에서 온 우주선에서 태어났다고 적혀 있다. 그 아기는 착한 지구인 부모(Earth-parents)에게 맡겨졌으며 그래서 테슬라의 부모는 친부모가 아니라고 한다. 하지만 테슬라의 자서전 원문인 〈My Inventions〉이나 다른 글에서는 이런 표현을 찾아볼 수 없다. 그러나 테슬라 일생을 연구하는 사람들 중에는 그가 우주선에서 태어나서 지구의 인간에게 맡겨졌다고 굳게 믿기도 한다.

이 위대한 아이는 한쪽으로는 나폴레옹 군대 장교의 손자이며, 다른 한쪽으로는 발명가 집안에서 가족계획으로 태어났다. 그와 일찍

죽은 그의 형은 모두 강한 시각적 인상에 이어지는 '빛의 발작'을 경험했다. 그는 또한 누군가가 자신이 사랑하는 이를 다치게 한다면 테슬라 자신도 심한 통증을 느끼며, 가해자에게는 무슨 일이 일어난다고 말했다. 이런 것이 정상이라고 할 수는 없지만, 그는 '신이 내게 선물한 정신적 힘'이라 믿으며 이상하게 생각하지 않았다. 이때 그가 언급한 신이 교회에서 섬기는 신과 같은 개념인지 아니면 훨씬 위대한 어떤 존재를 의미하는지는 알 수 없다.

빌 존스(Bill Jones)는 자신의 뉴스레터 〈UFO의 수수께끼〉에서 테슬라가 우주선의 '상승과 조종'에 대해 기초 연구를 했다고 썼다. 테슬라가 주로 구성한 형태는 얇은 원판 모양인데, 오늘날 목격하는 UFO가 대부분 이 형태다. 그래서 테슬라가 UFO의 외계인을 만났고 이를 토대로 자신의 발명품을 만들었거나 그가 인류를 발전시킬 수 있는 탁월한 정신세계를 소유하게 된 것은 아닐까 하고 생각해볼 수 있다. 이러한 의심이 전혀 터무니없는 이야기는 아니다. 하지만 16세기에서 17세기의 미술작품에도 원판 모양의 물체가 자주 등장했으며, 조너선 스위프트(Dean Jonathon Swift)가 쓴 《걸리버여행기》 중의 '하늘의 섬 라퓨타'에도 이와 비슷하게 자기력으로 비행하는 섬에 대한 이야기가 나온다. 그러므로 이것이 테슬라의 창조적 정신세계가 만든 발명일 뿐일 가능성이 높다.

UFO와 관련해 가장 흔히 회자되는 장면은 제2차 세계대전 중 연합국과 추축국 항공기들이 공중전을 벌일 때 푸-파이터(비행접시)들이 양측 항공기를 모두 미행했다는 점이다. 이런 전기적 덩어리는 테슬라의 비밀 프로젝트이며 마르코니가 테슬라의 이런 아이디어를 훔쳐 더 발전시키기 위해 남아메리카로 도망갔다는 말도 전해진다. 오늘날 이런 물체를 UFO라 부르며 세계 각지에서 하늘을 떠다니는 흰 '공 모양'을 목격했다는 보고가 잇따른다. 그래서 이와 같은 UFO가 어쩌면 사람이 만든 것일 수도 있다.

UFO 신봉자 그룹 중에는 테슬라가 '최초 접촉자'라고 생각하는 사람이 있다. 1890년대 테슬라가 전기실험을 위해 콜로라도에 갔을 때 외계인과 접촉했다는 것이다. 테슬라가 텔레파시로 그들과 커뮤니케이션을 하여 인간을 이롭게 할 발명을 얻었다고 한다. 이것이 사실이라면 미국이나 외국 정부에서 이것들을 입수하려 하지 않았을까? 테슬라는 그의 자전적 수기에서 '수상한' 남성이 자신의 발명 중 하나를 더 발전시키는 데 도움을 주고 싶다며 찾아온 적이 있다고 말한다. 혹은 나치나 파시스트 요원이 그의 재능을 나쁜 일에 이용하려 했을 가능성은? 테슬라가 외계인의 선진 기술을 모방하여 오늘날 인류에 유용한 기술을 발명했고 또 제너럴 일렉트릭은 테슬라의 이런 발명을 많이 표절했다고 믿는 UFO 신봉자들이 있다. 사실이야 어떻든 모두가 테슬라를 원했던 것은 분명하다.

| 테슬라와 X-선

X-선은 전자기 복사의 한 형태인 X-복사로 구성되는 파장이다. 대부분의 X-선 파장은 0.01~10나노미터 범위로 이것은 주파수로 30페타헤르츠에서

30엑사헤르츠(30×10^15Hz~30×10^18Hz), 에너지로는 100전자볼트(eV)에서 100킬로전자볼트(keV) 범위에 해당한다.

-위키피디아

1890년대 이후 테슬라와 평생 우정을 교환한 마크 트웨인은 어느 날 밤 테슬라의 연구실을 방문했다가 백열등을 이용하는 최초의 사진 중 하나를 촬영하게 된다. 1895년에는 테슬라와 에드워드 휴잇(Edward Hewett)이 다른 사진을 촬영하기 위해 트웨인을 연구실로 다시 불렀다. 크룩스관(Crookes tube)이라 부르는 전기 장치를 이용하여 찍는 사진이었다. 테슬라는 현상된 사진에 지저분한 얼룩이 보여서 폐기했다. 그로부터 불과 몇 주 뒤에 독일 과학자 빌헬름 뢴트겐이 'X-복사'를 발견했다는 발표가 나왔다. 테슬라가 마크 트웨인의 사진을 찍었던 바로 그 크룩스관을 이용한 것이었다.

1896년 전기공학의 저명한 잡지 《일렉트릭 리뷰》는 테슬라가 설계한 X-선 발생장치로 촬영한 사람의 X-선 사진을 게재했다. 뢴트겐이 X-선을 발견했다고 발표한 때와 거의 비슷한 시기였다. 그러나 테슬라는 결코 자신이 먼저라고 주장하지 않았다. 그리고 그의 많은 연구 성과들이 1895년 뉴욕 5번가 연구실의 대화재 때 잿더미로 변해버렸으며 X-선 관련 성과도 그 속에 포함되었을 수 있다.

테슬라는 1887년에 이미 자신이 직접 고안한 전극관과 높은 전압을 이용하여 X-선 연구를 시작했다. 이 전극관은 다른 전극관과는 구조가 달라서 타깃 전극 없이 하나의 전극으로만 구성되었다. 오늘날에는 테슬라가 설계한 이런 장치의 이론적 근거를 제동 복사(制動輻射)라 부른다. 이것은 전자와 같이 전하를 띤 입자가 강한 전기장에 의해 가속된 후 통과할 때 고에너지의 X-선을 방출하는 현상이다. 테슬라는 이와 같은 실험을 여러 차례 수행했지만 방출 에너지의 특성을 규명하지 못하고 에너지 방출 현상으로 일반화하는 데 그쳤다. 언제나 그랬듯이, 테슬라는 자신의 발견을 공식적으로 발표하거나 널리 알리려 하지 않았다.

그는 자신이 '그림자 사진'이라 부르는 사진을 찍었으며 관련된 여러 가지 실험을 수행하던 중 연구실에 대화재가 발생한 것이다. X-선을 발견했다는 뢴트겐의 발표를 접한 테슬라는 뢴트겐에게 편지와 함께 화재의 잿더미에서 건져낸 사진 몇 장을 보냈다. 뢴트겐

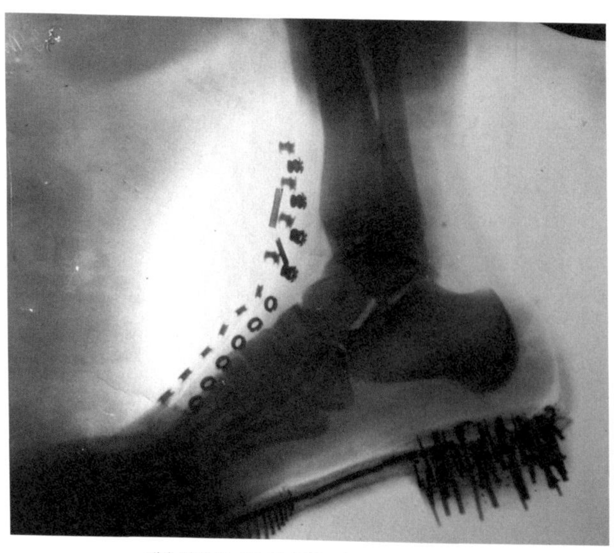

테슬라가 X-선으로 찍은 사람의 발(1895년)

은 테슬라에게 보낸 답장에서 그 사진을 어떻게 찍었는지 물었다.

뢴트겐은 테슬라에게 매우 정밀한 사진을 찍었다며 축하해주었으며, 테슬라는 자신의 필름 중 하나에 뢴트겐의 이름을 붙이기도 했다. 테슬라가 실험한 '그림자 사진'은 나중에 뢴트겐이 1895년, X-선을 발견할 때 사용한 것과 거의 동일했다.

X-선 연구는 테슬라가 기여한 여러 연구 분야 중 하나일 뿐이다. 니콜라 테슬라가 120여 년도 전에 찍은 사람의 발 사진에서 보듯이. 하지만 오늘날 우리가 이해하는 X-선의 원리나 사진은 그렇게 긴 시간이 지났어도 크게 변하지 않았다.

| 화폐 속의 테슬라, 그리고 비둘기

테슬라는 과거 오스트리아 제국(후에 오스트리아-헝가리제국)의 군사적 경계지역이던 스밀랸에서 출생했으며 이 지역은 현재 크로아티아공화국에 속한다. 하지만 그의 어머니와 아버지는 모두 세르비아인이다. 1990년대 초반 옛 유고연방 분열 전까지는 유고슬라비아인이라 부르는 데 문제가 없었지만 연방 분열 및 크로아티아-세르비아 내전 후 혈통은 세르비아계, 지리적 고향은 크로아티아가 되었다. 두 국가는 모두 테슬라를 자국의 영웅으로 간주하고 그를 경쟁적으로 기념하고 있다.

세르비아공화국의 100디나르 지폐에 등장하는 테슬라를 통해 테슬라가 어떻게 추앙받고 있는지 짐작할 수 있다. 이 지폐는 사진뿐

세르비아공화국의 100디나르 지폐에 등장하는 테슬라

만 아니라 그의 업적을 여러 측면에서 부각하여 그림과 물리학 수식, 그의 설계도, 그리고 그가 사랑한 비둘기까지 싣고 있다. 세르비아에서 테슬라는 지폐뿐만 아니라 베오그라드의 테슬라박물관, 테슬라 공항, 그리고 20디나르 동전 등으로도 추앙받는다.

100디나르 지폐 앞면의 바탕색은 밝은 청색과 어두운 청색이며, 왼쪽은 니콜라 테슬라의 초상화가, 오른쪽에는 $T = Wb/m^2$라는 자기유도공식, 즉 자기력의 밀도를 정하는 방정식이 표시되어 있다. T는 테슬라라고 읽으며 1960년 파리에서 개최된 국제도량형총회에서 니콜라 테슬라를 기념하며 부여한 국제표준단위다. 자기유도공식 위에는 전기방전을 나타내는 이미지가 있다. 테슬라의 초상은 방전 스파크가 춤을 추는 가운데 코일 아래에 앉은 모습의 일부인데 이것은 그와 관련해 가장 유명한 사진 중 하나다.

지폐 뒷면에도 니콜라 테슬라가 실렸는데 베오그라드의 테슬라박물관에 전시된 사진이다. 여기서 테슬라는 빛을 내는 전구를 들고 있다. 상단 중앙의 그림은 테슬라의 전자기유도 엔진이다. 테슬라가 발견한 회전자기장의 유도 모터로 각각의 기계단위로 구동이 가능하고 경제적으로 교류(AC) 전력을 송전할 수 있게 되었다. 교류가 지금은 전기에너지의 보편적 형태지만 당시에 직류(DC)를 설계한 에디슨의 집요한 방해를 극복하고 지금의 위치에 이르게 되었다. 전류의 방향이 일정한 직류와는 달리 계속 역전되는 교류는 전기를 가정과 공장으로 보내는 형태에서 훨씬 효율적이다. 지폐 속의 이 그림은 테슬라가 발명뿐만 아니라 실용화에도 위대한 능력을 보여주었음을 나타낸다.

중앙에는 테슬라가 사랑한 비둘기 그림이 있다. 비둘기는 테슬라를 이해하는 데 매우 중요하다. 테슬라는 자신의 전기 작가인 존 오닐에게 이렇게 말했다.

"암컷 비둘기니까 그녀라 부르죠. 그녀는 나를 이해했고 나도 그녀를 이해했습니다. 나는 정말로 그녀를 사랑했습니다. 남자가 여자를 사랑하듯이 그랬고, 그녀도 나를 그렇게 사랑했습니다. …… 어느 날 밤, 내가 어떤 문제의 해결을 궁리하며 누워 있을 때 그녀가 열린 창문을 통해 날아 들어와 내 책상에 내려앉았습니다. 그녀에게는 내가 필요하다는 것을 알았습니다. 그녀는 내게 중요한 어떤 것을 말하려 했습니다. 그래서 나는 일어나 그녀에게 다가갔습니다. 그녀를 보자마자 내게 무엇을 말하려는지 알았습니다. 그녀는 죽어가고 있었습니다. 내가 그녀가 하려는 말을 알게 되자마자 그녀의 눈에서 번쩍이는 빛이 쏟아져 나왔습니다. 정말로 내 눈을 멀게 할 정도로 강력한 빛이었습니다. 내가 실험실에서 접한 어떤 전등에서 나오는 빛보다 더 강했습니다. 그 비둘기가 죽었을 때, 내 생명의 일부도 함께 죽었습니다."(《테슬라에 관한 진실》(양문, 2018) 참고)

테슬라가 비둘기에게 보인 사랑을 새처럼 돌아가신 그의 어머니에 대한 사랑으로 설명하는 심리학자도 있다. 테슬라가 그의 어머니를 사랑한 방식은 그의 생애 내내 그를 괴롭힌 신경쇠약이나 대인관계, 그리고 그의 여러 습관을 이해하는 한 가지 실마리가 된다.

| 콜로라도스프링스

테슬라가 미국의 콜로라도스프링스에서 한 실험은 과학자이자 발명가인 그의 생애에서 특히 중요한 의미가 있다.

1899년 5월 테슬라는 콜로라도스프링스에 가서 1900년 1월까지 약 9개월간 머물며 실험했다. 연구의 진행을 매일 상세히 기록해 남겼지만 확인할 수 없는 사실들이 많고 가장 중요한 의문은 아직 밝혀지지 않았다. '테슬라가 그곳에서 실제로 무선송전에 성공했을까' 하는 것이다. 하지만 테슬라가 콜로라도스프링스에서 높은 주파수의 전기로 실험했으며, 그가 천둥번개에 대해 우리가 갖는 생각을 변화시켰다는 것은 분명하다.

테슬라는 여러 실험과 연구를 거쳐 높은 고도에서는 무선으로 전력을 보낼 수 있다는 결론을 내렸다. 공기 밀도가 엷기 때문에 전도성이 좋다는 것이다. 테슬라의 최신 연구를 접한 특허변호사이자 친구인 레오나르드 커티스는 콜로라도스프링스의 토지를 구하고 인근 엘파소전력회사에서 전기를 공급받기로 했으니 콜로라도에 와서 연구하도록 테슬라에게 권유했고 테슬라는 이를 수락했다. 당시의 재력가 존 애스터도 테슬라의 연구에 3만 달러를 투자했다. 콜로라도로 떠날 때 테슬라의 궁극적 목표는 두 가지였을 것으로 추정된다. 전 세계와 통신할 수 있는 무선전신 시스템을 개발하는 것과 이러한 시스템에 전기에너지를 실어 효율적으로 전송할 수 있는 방법을 찾는 것이다. 하지만 그는 도착 기자회견에서 그곳의 파이크스산에서 파리로 전파신호를 보낸다고만 말하고 구체적 내용은 함구했다. 그래서 테슬라의 가장 가까운 협력자까지도 그의 생각이 무엇인지 몰랐다고 주장하는 사람들도 있다.

곧 콜로라도스프링스의 대초원에 기괴한 모양의 거대한 실험실이 솟아올랐다. 그 목조건물에서 기술자들이 유명한 테슬라코일을 조립하기 시작했다. 땅 위로 강력한 전기 임펄스를 보내도록 특별히 설계한 것이었다. 테슬라는 콜로라도에서 자신의 주요 목표를 추구하는 과정에 몇 가지 새로운 발명을 했다. 그는 지구가 거대한 전도체임을 증명했고, 인공 번개를 일으켰다(수백만 볼트 방전의 길이가 최고 41미터에 달했다). 그는 자신의 실험 결과를 토대로 수학적으로 계산하여 지구의 공명주파수가 대략 8헤르츠임을 발견했다. 1950년대에

테슬라의 콜로라도스프링스 실험기지(1899-1900년)

학자들이 지구 이온층의 공명주파수가 이 범위에 있는 것을 확인했다(나중에 슈만 공진이라는 이름으로 불린다). 테슬라는 무한대의 에너지를 지구상 어느 곳으로나 손실 없이 전송할 수 있다는 가정을 세웠다. 그러나 이 이론을 검증하려면 그 자신이 실제 번개 규모로 전기적 현상을 발생시키는 최초의 인간이 되어야 했다.

모든 실험 장비 점검이 끝난 날 저녁, 기계장치에 단 1초 동안 스위치를 열었다. 장치는 작동했고 1초 후에 스위치를 닫았다. 하지만 엘파소전기회사의 코일과 발전기에는 너무 큰 부하가 걸렸다. 콜로라도스프링스 전체가 정전이 되었다. 그로 인한 손해는 테슬라가 배상해야 했다.

테슬라가 몇 킬로미터 떨어진 지상의 진공튜브를 밝힐 정도로 강력한 전력을 무선으로 전송했다고 전하는 사람도 있다. 그러나 이것은 콜로라도스프링스 토양의 전도성이 크기 때문일 수도 있다.

테슬라는 전력 무선전송을 위해 또 다른 방법도 제안했는데, 전리층에 해당되는 지상 80킬로미터 상공의 대기층으로 전력을 보내는 것이었다. 테슬라는 대기의 그 영역은 전도성이 매우 높을 것으로 추정했으며 이는 사실로 확인되었다. 전력을 그 높이까지 쏘아 올릴 기술적 수단이 필요했다.

1899년 초, 그는 자신의 연구실 위에서 뇌우와 대기 방전을 관찰했다. 그는 이렇게 말했다.

"7월 3일 저녁과 7월 3, 4일 사이 밤에 천둥소리를 들었다. 폭우가 쏟아졌고 거센 바람이 불었으며 대기의 전기방전이 이어졌다."

테슬라는 전기방전의 횟수가 시간에 따라 그리고 천둥소리가 들려온 지점으로부터의 거리에 따라 변한다고 지적했다. 이것은 전 세계에 걸쳐 기상관측소와 기상레이더를 개선하는 계기가 된다.

테슬라는 1900년 1월에 콜로라도스프링스를 떠났다. 연구실은 무너지고 실험장비는 부채를 갚기 위해 팔렸다. 이 기간의 연구에서는 테슬라가 처음 생각한 것처럼 특별한 결과를 얻지 못했다. 하지만 이 시간은 테슬라를 위대한 발명가의 반열에 올리고, 물리학계에 중요한 기여를 하게 된 기간이다. 그리고 이때의 실험에서 테슬라는 다음 프로젝트를 준비하는데, 워든클리프 타워로 불리는 전력 무선전송 시설 건설이다. 결과적으로 그는 콜로라도에서 처음 계획한 것을 다른 장소에서 성취하게 된다.

콜로라도가 테슬라에게 남긴 것은 그의 연구를 둘러싼 수많은 미스터리다. 그가 매일 작성한 일기에는 불분명한 노트가 많은데 현재까지도 테슬라의 생애 중 이 시기에 대해 많은 사람이 연구하고 있다.

| 콜럼버스의 달걀

콜럼버스는 아메리카대륙 발견이 별다른 성과가 아니란 이야기를 듣고는 그렇게 말하는 사람들에게 달걀을 모서리로 세워 보라고 요구했고, 결국 그들이 못하고 포기하자 콜럼버스는 달걀 모서리를 테이블에 두드려 납작하게 깬 다음 세워 보였다. 이 유명한 이야기를 테슬라는 자신의 회전자기장 프로젝트에 이용할 생각을 했다. 테슬라는 자신의 프로젝트 제안을 가지고 여러 투자자에게 접근하여, 자신이 콜럼버스처럼 달걀을 세울 뿐만 아니라 회전까지 시켜 보일 테니 자신의 연구에 투자할 용의가 있는지 물었다. 투자자들은 그 제안에 동의했다. 그리고 테슬라는 1893년 콜럼버스 신대륙 발견 400주년 기념으로 시카고에서 열린 세계박람회에서 그 '콜럼버스의 달걀'을 전시하고 시연까지 했다.

회전자기장과 유도모터의 원리를 설명하고 보여주는 장치인데, 테슬라는 2상 교류(AC)를 전원으로 하는 코일 네 개를 고정자로 이용하고 그 가운데다 구리 달걀을 올려놓았다. 여기에 전원을 넣으면 고정자에 생기는 상의 차이로 회전자기장이 생성되고 구리달걀은 회전하기 시작하는데 회전 속도가 빨라지면 달걀이 세로축, 즉 모서리로 서게 된다.

테슬라가 만든 장치의 복제품은 베오그라드의 니콜라 테슬라 박물관, 스밀랸의 니콜라 테슬라 기념센터, 자그레브의 기술박물관과 크로아티아 역사박물관, 그리고 미국의 앤아버 박물관 등에 전시되어 있다.

| 원격자동기계

> 나의 모든 행동도 이와 비슷한 과정을 거치는 것이었다. 시간이 지나면서 나는 감각기관에 다가오는 자극에 반응하여 단순하게 생각하고 행동하는 자동화 기계(오토매톤)에 불과하다는 것이 분명해졌다.
>
> -제1부 〈나의 발명〉 제1장

오늘날은 크루즈미사일, 무인항공기, 원격조종장갑차, 무인잠수정 등이 우리 사회에서 일반화되었다. 전 세계에서 이러한 로봇전사들이 매일 활약한다. 이런 자동화 로봇이 탄생하는 데 니콜라 테슬라보다 더 큰 기여를 한 사람은 없다. 그는 지금부터 100여 년 전에 오늘날 하이테크 사회의 기본이 되는 시스템과 이론을 개발했다.

1898년 라이트형제가 하늘을 날기 6년 전에 테슬라는 전파로 조종하는 보트 두 척을 만들었다. 철로 만든 보트는 테슬라가 설계한 전기 배터리로 구동되는데, 무선전송기에서 오는 명령을 받는 전파

데이비드 보위가 니콜라 테슬라의 역할을 한 영화 <프레스티지The Prestige>

수신기를 갖추고 있다. 커다란 휩안테나(채찍 모양의 안테나), 짐을 실는 공간, 방향타, 프로펠러 그리고 전등이 장착되어 원격으로 제어되었다. 테슬라는 뉴욕 매디슨스퀘어가든의 실내 풀에서 이 선박의 무선조종을 시연하여 관람하던 군중을 경악시켰다. 언제나 쇼맨십이 강했던 테슬라는 183센티미터 길이의 보트가 출발하여 물을 가르며 나아가고 멈추게 했다. 그는 자신의 보트에 초보적인 논리게이트의 장착까지 생각했다. 자신의 것이 아닌 다른 전송기의 신호로 제어되지 않도록 막는 시스템이다. 군중 가운데 일부는 '모든 것이 마법'이라거나 '텔레파시로 조종'하는 것이라거나 심지어는 '훈련된 원숭이를 보트 내에 숨겨두었다'고 주장하기도 했다.

테슬라는 이런 선박을 원격자동기계(텔오토매톤, 텔오토매틱스)라고 불렀는데, 훈련된 조종자가 원격으로 제어하며 탄두를 싣고 적국 군함을 공격하는 무기로 이용할 수 있다. 그러나 이 구상은 실현되지 못했는데, 군부에서 원격조절 운반체라는 개념을 군함 공격용 무기로 사용할 가능성을 인정하지 않았기 때문이다. 테슬라는 미국 해군에 이 무기를 제안했고 나중에는 영국에도 제안했지만 모두 긍정적 반응을 얻지 못했다.

테슬라는 이 프로젝트를 추진하면서 여러 개의 무선 수신기들 중 어느 하나만 선택적으로 반응하는 방법을 고안했다. 테슬라는 이를 '개별화' 기술이라 불렀다. 여러 개를 송신할 때 각자 다른 주파수를 이용하는 기술이다. 수신기 쪽에서는 각각의 주파수 장치가 반응해야 할 주파수에 맞게 조절해야 한다. 이것이 앤드(AND)논리게이트이며 지금은 어떤 회로기판이든 필수 요소다.

테슬라의 여러 가지 발견은 테슬라 자신처럼 제2차 세계대전 이후까지 잊혀져 있었다. 그러나 현재는 이 기술이 널리 이용되지만 우리는 이에 대해 별로 생각하지 않는다. 현재 세계를 구성하는 일부가 되었기 때문이다. 지금 그러한 무기는 실전에 이용되며 모든 전기장치에 AND논리게이트를 이용한다. 우리는 이와 같은 로봇이나 컴퓨터 논리를 개발한 사람에 대해 잘 알지 못하지만, 이렇게 그의 유산이 우리 주위 곳곳에 포진해 있다.

테슬라 자서전
100년 전 모바일 통신과 인공지능을 실험하다

초판 찍은 날 2019년 3월 13일
초판 펴낸 날 2019년 3월 19일

지은이 니콜라 테슬라
옮긴이 진선미

펴낸이 김현중
편집장 옥두석 | 책임편집 임인기 | 디자인 이호진 | 관리 위영희

펴낸 곳 (주)양문 | 주소 서울시 도봉구 노해로 341, 902호(창동 신원리베르텔)
전화 02. 742-2563-2565 | 팩스 02. 742-2566 | 이메일 ymbook@nate.com
출판등록 1996년 8월 17일(제1-1975호)

ISBN 978-89-94025-77-3 03400 잘못된 책은 교환해 드립니다.